大型集群化煤气化装置生产运行及维护 300问

DAXING JIQUNHUA MEIQIHUA ZHUANGZHI
SHENGCHAN YUNXING JI WEIHU
300 WEN

赵元琪
陈鹏程 | 主编
王国梁

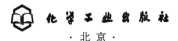

·北京·

内容简介

《大型集群化煤气化装置生产运行及维护 300 问》一书以问答形式展现煤气化装置基础知识及常见问题。本书对煤气化装置总体情况、工程建设概况、装置集群化优点、试车与生产运行难点等进行了简要介绍，重点阐述了煤气化基础知识、生产准备与试车、生产操作与维护、设备运行与维护、电气与仪表基础知识、应急处置等内容。

本书可供煤化工领域从事煤气化装置的操作人员和相关专业技术人员、高等院校化工专业师生参考使用。

图书在版编目（CIP）数据

大型集群化煤气化装置生产运行及维护 300 问 / 赵元琪，陈鹏程，王国梁主编． -- 北京：化学工业出版社，2025.3． -- ISBN 978-7-122-47347-9

Ⅰ.TQ545-44

中国国家版本馆 CIP 数据核字第 2025CV2485 号

责任编辑：张　艳	文字编辑：高旭志　王云霞
责任校对：刘　一	装帧设计：王晓宇

出版发行：化学工业出版社
　　　　　（北京市东城区青年湖南街 13 号　邮政编码 100011）
印　　装：北京建宏印刷有限公司
710mm×1000mm　1/16　印张 14　字数 197 千字
2025 年 4 月北京第 1 版第 1 次印刷

购书咨询：010-64518888　　　　　　　　　售后服务：010-64518899
网　　址：http://www.cip.com.cn
凡购买本书，如有缺损质量问题，本社销售中心负责调换。

定　　价：128.00 元　　　　　　　　　　　　　　版权所有　违者必究

本书编写成员名单

主　　编：赵元琪　陈鹏程　王国梁
编写人员：赵元琪　陈鹏程　王国梁　杨建荣
　　　　　姚　强　董先营　李俊挺　白　海
　　　　　景寿堂　范为鹏　杨占奇　何　鹏
　　　　　陈　杰　院建森　蒙勇宏　曹文龙
　　　　　季治胜　贾玉龙　王西阳　秦俊东
　　　　　董文卓　李红娣　邱小庆　陈其虎
　　　　　和浩波　张镓铄　马　钊　李天波

前言

国家能源集团宁夏煤业有限责任公司煤制油分公司（以下简称"煤制油分公司"）现拥有 28 台干煤粉气化炉，其大型化、集群化、复杂化程度居国内前列。为了加强干煤粉气化装置技术技能人才培养，特组织编写了《大型集群化煤气化装置生产运行及维护 300 问》一书。本书以问答形式展现煤气化装置基础知识及常见问题，内容涵盖了煤气化装置中备煤、气化以及一氧化碳变换装置生产原理、生产准备及试车、工艺流程、生产操作与设备维护、电气及仪表基础知识、开停车操作及生产应急处置等内容。

本书共分七章。第一章为煤气化装置简介，主要介绍了装置总体情况、工程建设概况、装置集群化优点、试车与生产运行难点等知识；第二章为煤气化基础知识，主要介绍了煤气化分类、反应原理、性能指标、煤质和水质等常用知识；第三章为生产准备与试车，主要介绍了装置"三查四定"、吹扫气密、联动试车和投料试车等基础知识；第四章为生产操作与维护，主要介绍了煤气化装置工艺流程、生产操作、开停车、日常维护等知识；第五章为设备运行与维护，主要介绍了离心泵原理及日常操作、真空泵原理及日常操作、阀门分类及应用以及润滑油等常用知识；第六章为电气与仪表基础知识，主要介绍了电气与仪表在日常生产维护中的常用知识；第七章为应急处置，主要介绍了装置运行期间的异常工况原因及处置、公用工程物料中断应急处置等相关知识。

本书的编写过程得到了许多同志的帮助。首先，感谢煤制油分公司和煤制油气化二厂各级领导的大力支持，亦感谢各级领导提出的建议；其次，感谢气化二厂一车间技术人员和班组操作人员的参与和帮助；再次，感谢仪表管理中心和电气管理中心各级人员的支持和对本书的完善所起到的积极促进作用；最后，感谢宁夏神耀科技有限责任公司给予的技术指导。希望本书的出版，可以解答技术人员和操作人员在生产、维护中的疑问，切实促进技术人员和操作人员技术技能水平的提高。

本书主要依据装置详细设计阶段的设计文件以及日常生产维护经验，同时结合煤制油分公司煤化工基地的甲醇项目、烯烃项目气化装置的生产、维护经验进行编写，限于编写人员自身工作经验和写作水平，内容难免存在不足之处，恳请读者指正。

主编

2024 年 10 月

目录

第一章　煤气化装置简介 …… 001
   1. 装置总体情况 …… 002
   2. 工程建设概况 …… 004
   3. 装置集群化优点 …… 006
   4. 试车与生产运行难点 …… 006

第二章　煤气化基础知识 …… 008
   1. 什么是煤气化？ …… 009
   2. 煤气化原理是什么？ …… 009
   3. 煤气化技术有哪些分类方式？ …… 009
   4. 什么是气流床煤气化？有哪些分类？ …… 010
   5. 什么是干煤粉加压气化技术？ …… 010
   6. 干煤粉加压气化技术有哪些优点？ …… 010
   7. "神宁炉"气化技术有哪些技术特点？ …… 011
   8. "神宁炉"气化技术有哪些创新点？ …… 012
   9. "神宁炉"气化技术有哪些工序？ …… 012
   10. "神宁炉"气化技术指标如何？ …… 013
   11. 简述"神宁炉"气化技术工艺流程 …… 013
   12. 什么是气化炉的性能标定？标定的目的和内容是什么？ …… 015
   13. 气化炉合成气中有效气产量如何计算？ …… 016

14. 什么是气化炉比煤耗? ……………………………………… 016
15. 什么是气化炉比氧耗? ……………………………………… 017
16. 什么是气化炉煤气产率? …………………………………… 017
17. 什么是气化炉碳转化率? …………………………………… 017
18. 什么是气化炉冷煤气效率? ………………………………… 017
19. 什么是气化炉能源转化效率? 什么是单位产品综合能耗? … 018
20. 煤质分析化验中有哪些基准? ……………………………… 018
21. 煤化指标有哪些? 具体代表什么? ………………………… 019
22. 煤的哪些性质会影响气化效果? …………………………… 022
23. 气化炉用煤有什么指标要求? 各指标的作用是什么? …… 024
24. 气化装置水质指标是什么? 各自的含义是什么? ………… 025
25. 絮凝剂的作用是什么? ……………………………………… 028
26. 分散剂的作用是什么? ……………………………………… 030
27. 入炉蒸汽的作用是什么? …………………………………… 031
28. 气化炉炉渣如何辅助判断炉温? …………………………… 031
29. 温度和压力及氧煤比对气化反应有何影响? ……………… 032
30. 煤或煤焦的气化反应通常必须经过哪七步? ……………… 032
31. 什么叫表压力、绝对压力? 它们之间有何关系? ………… 033
32. 煤的工业分析项目包括哪些? 煤的元素分析通常有哪些? … 033
33. 如何保护气化炉水冷壁? …………………………………… 033
34. 什么是煤粉修正系数? ……………………………………… 034
35. 什么是平均煤粉流量控制? ………………………………… 035
36. 黑水闪蒸的原理是什么? …………………………………… 036
37. 氧气纯度和煤粉水分对气化反应有何影响? ……………… 036
38. 合成气的主要质量指标有哪些? 如何控制? ……………… 037
39. 煤气化反应的机理是什么? ………………………………… 038

40. 干煤粉加压气化炉内流场如何分布? ···································· 040

41. 如何选择适宜的煤气化技术? ···································· 042

42. 一氧化碳变换反应的原理及影响因素是什么? ···································· 043

第三章　生产准备与试车　　　　　　　　　　　　　　　045

1. 什么是"三查四定"? ···································· 046

2. 生产准备包含哪八个方面? ···································· 047

3. 管线吹扫与冲洗有哪些原则? ···································· 049

4. 什么是装置系统气密性试验? ···································· 051

5. 煤制油项目投料试车的总体策略是什么? ···································· 052

6. 试车进度分哪两个阶段? ···································· 052

7. 试车进度安排的原则是什么? ···································· 053

8. 总体试车环境保护有哪些要求? ···································· 053

9. 什么是单机试车? ···································· 054

10. 什么是中间交接? ···································· 054

11. 联动试车方案包含哪些内容? ···································· 055

12. 联动试车应达到什么标准? ···································· 055

13. 油品A线联动试车具备什么条件? ···································· 056

14. 投料试车方案包含哪些内容? ···································· 057

15. 全厂主要工艺装置有何关系? ···································· 058

16. 气化装置联动试车前需要检查什么? ···································· 059

17. 投料试车应具备什么条件? ···································· 063

18. 氧气管道为什么不能残存铁锈、铁块、焊瘤、油垢等杂物? ···································· 070

19. 什么是DCS、SIS、ESD、PLC、GDS? ···································· 070

20. 如何进行联锁调试? ···································· 071

21. 如何进行顺控调试？ ………………………………………… 072
22. 工艺技术管理包含哪些方面？ ……………………………… 073
23. 岗位操作法和工艺技术规程的编制有哪些基本要求？ …… 074
24. 什么是工艺卡片？如何编制？ ……………………………… 075

第四章　生产操作与维护　　　　　　　　　　　　　076

1. 煤粉偏差如何计算？ ………………………………………… 077
2. 水冷壁总热损如何计算？ …………………………………… 077
3. 点火烧嘴氧煤比如何计算？ ………………………………… 078
4. 主烧嘴氧煤比如何计算？ …………………………………… 078
5. 如何判断气化炉炉温是否合适？ …………………………… 079
6. 煤粉流量计如何校准？ ……………………………………… 079
7. 非计划停车指什么？ ………………………………………… 080
8. 一般性非计划停车指什么？ ………………………………… 080
9. 特殊性非计划停车指什么？ ………………………………… 080
10. 高压 FG 在气化装置中的用途？ …………………………… 080
11. 粗合成气洗涤系统的工艺目的？ …………………………… 081
12. 煤粉给料线打循环时为什么要建立背压？ ………………… 081
13. 气化炉组合烧嘴由哪 6 个同心圆筒组成？ ………………… 081
14. 连续排污和定期排污的作用各是什么？ …………………… 081
15. 主蒸汽管道投用前为何要进行暖管？ ……………………… 082
16. 合成气在线分析仪表如何维护？ …………………………… 082
17. 水冷壁系统如何升温？ ……………………………………… 082
18. 气化炉首次投煤时水冷壁如何挂渣？ ……………………… 083
19. 气化炉投煤后如何调整？ …………………………………… 084
20. 气化炉点火烧嘴中心氮的作用是什么？ …………………… 085

21. 烧嘴冷却水罐压力控制为什么必须始终大于气化炉压力？ ………………………………………………… 085
22. 气化炉组合烧嘴中的点火烧嘴主要作用是什么？ ………… 085
23. 描述蒸汽抽引器的作用 ………………………………… 086
24. 简述气化装置与上下游各装置的关系 …………………… 086
25. 简述气化炉合成气离开反应室后的流程 ………………… 086
26. 闪蒸单元第三级闪蒸的详细流程是什么？ ……………… 087
27. 什么时候投用煤粉加压输送单元低低压蒸汽伴热系统？如何投用？ …………………………………………………… 087
28. 投煤成功后，气化炉如何调整负荷？有哪些注意事项？ … 087
29. 气化炉进行热备时，如何对煤粉输送单元进行确认？ …… 089
30. 真空度低对闪蒸系统有何影响？ ………………………… 089
31. 高压煤粉输送系统停车步骤是什么？ …………………… 089
32. 简述气化装置检修后开车的要点和注意事项 …………… 090
33. 磨煤机运行时振动大可能由哪些原因造成？ …………… 090
34. 热风炉点火失败的主要原因有哪些？ …………………… 091
35. 纤维分离器常见的故障有哪些？ ………………………… 091
36. 煤粉制备和输送单元运行过程中有哪些主要控制点？ … 091
37. 低压煤粉输送系统输送的方式是什么？ ………………… 092
38. 热风炉投用之前必须满足什么条件？ …………………… 092
39. 磨煤机出口压力变化的原因有哪些？ …………………… 092
40. 煤粉收集器压差过大的原因有哪些？ …………………… 093
41. 热风炉炉膛温度上不去的原因有哪些？ ………………… 093
42. 入炉煤粉的粒度及含水量有哪些要求？ ………………… 093
43. 简述备煤装置煤粉物料走向 …………………………… 094
44. 可导致磨煤机出口温度变化的原因有哪些？ …………… 094

45. 简述气化装置除渣系统流程 ……………………………… 094

46. 简述气化装置煤粉锁斗工艺流程 ……………………………… 095

47. 简述气化装置煤粉角阀的用途、工作原理与注意事项 …… 097

48. 气化炉主烧嘴投煤后有哪些重要确认点? ……………… 097

49. 简述气化炉投煤后向变换系统导气时的条件及注意事项 …… 098

50. 循环水罐水质差、悬浮物含量高如何调整? ……………… 099

51. 点火烧嘴 LPG 如何切换成 FG? ……………………………… 099

52. 气化装置检修后开车前的检查和准备有哪些项目? ……… 099

53. 气化装置如何停车? ……………………………………… 101

54. 气化煤粉单元如何向备煤装置返煤? ……………………… 102

55. 变换装置预硫化催化剂如何升温? ………………………… 103

56. 变换装置新装填催化剂在运行过程中有哪些注意事项? …… 105

57. 未变换装置新装填水解剂如何升温? ……………………… 105

58. 变换装置新装填催化剂接气时有哪些注意事项? ………… 106

59. 变换装置第二变换炉催化剂如何装填? …………………… 107

第五章 设备运行与维护   109

1. 简述离心泵的工作原理? ………………………………… 110

2. 什么是离心泵的机械密封? ……………………………… 111

3. 什么是离心泵的汽蚀? 有哪些原因? 如何防范? ………… 111

4. 什么是离心泵的气缚? …………………………………… 112

5. 什么是"液击"现象? 怎样去避免? …………………… 112

6. 从哪些现象可以判断离心泵入口过滤网堵塞? …………… 113

7. 离心泵、螺杆泵、隔膜泵的出口阀在启动操作时应处于什么状态? ……………………………………………………… 114

8. 压力容器按压力等级应怎样划分? ……………………… 114

9. 离心泵在什么情况下需要紧急停车? ………………………… 114
10. 离心泵在运行时应注意哪些事项? …………………………… 115
11. 离心泵出口流量不足的原因有哪些? ………………………… 115
12. 离心泵不打量的原因有哪些? ………………………………… 115
13. 离心泵振动过大的原因及处理措施有哪些? ………………… 116
14. 过滤机滤布打折如何处理? …………………………………… 116
15. 润滑油对轴承有什么作用? …………………………………… 117
16. 什么是隔膜式计量泵? ………………………………………… 117
17. 什么是真空泵? 如何分类? …………………………………… 118
18. 黑水闪蒸用水环式真空泵的原理及异常工况分析 ………… 120
19. 润滑油有什么代用原则? ……………………………………… 122
20. 什么是"三级过滤"及"五定"润滑制度? ………………… 122
21. 常用阀门有哪些分类? ………………………………………… 123
22. 闸阀有哪些优缺点及分类? …………………………………… 126
23. 截止阀有哪些优缺点及分类? ………………………………… 128
24. 止回阀有哪些优缺点及分类? ………………………………… 128
25. 球阀有哪些优点及分类? ……………………………………… 129
26. 蝶阀有哪些特点及分类? ……………………………………… 130
27. 安全阀常用术语及分类? ……………………………………… 132
28. 循环风机液力耦合器过热的原因是什么? 如何处理? ……… 134
29. 称重给煤机常见的故障有哪些? ……………………………… 134
30. 磨机震动时应如何调整? ……………………………………… 135
31. 磨机润滑油泵打不上压的原因是什么? 如何处理? ………… 135
32. 备用泵日常如何维护? ………………………………………… 135
33. 捞渣机电流波动大或跳车的原因是什么? 如何处理? ……… 136
34. 列管式换热器哪些流体宜走管程? 哪些流体宜走壳程? …… 136

35. 沉降槽转耙是怎样自动控制的? ………………………… 137
36. 真空带式过滤机由哪几部分组成? 其工作原理是什么? …… 137
37. 常用流量计主要有哪几类? 其测量原理是什么? ………… 138
38. 脉冲布袋式除尘器的工作原理是什么? …………………… 138
39. 破渣机由哪些主要部件组成? ……………………………… 139
40. 破渣机液压系统故障原因是什么? 如何处理? …………… 140

第六章 电气与仪表基础知识　　　　　　　　　　142

1. 设备停、送电如何操作? ……………………………… 143
2. 电气系统钥匙上的标识牌采用什么颜色区分? ………… 143
3. 什么是设备过电流保护? ……………………………… 143
4. 电气照明回路容量和灯数不可超过多少? …………… 143
5. 触电急救的注意事项包括哪些? ……………………… 144
6. 检修时若需将设备试加工作电压, 应按哪些条件进行? …… 144
7. 电气设备哪些情况应加挂机械锁? …………………… 144
8. 电气运行方式调整的基本原则有哪些? ……………… 145
9. 电气及其操作控制系统调整试验包括哪些内容? …… 145
10. UPS 技术要求有哪些? ……………………………… 145
11. 什么是 UPS 备用电源模式? ………………………… 146
12. 什么是 UPS 正常操作模式? ………………………… 146
13. UPS 系统运行中应做哪些检查? …………………… 146
14. UPS 的切换原则是什么? …………………………… 147
15. 电动机检修后绝缘测试标准有哪些? ……………… 147
16. 电气设备防火安全检查有哪些主要内容? ………… 147
17. 造成断路器合闸失灵的电气原因有哪些? ………… 148
18. 什么是仪表测量点、一次元件、一次仪表、二次仪表? …… 148

19. 什么是仪表的二次调校？ ……………………………………… 149
20. 孔板方向装反对差压计有什么影响？ ………………………… 149
21. 气动调节阀阀杆在全行程的 50% 位置，则通过流量是否也在最大流量的 50%？ ……………………………………………… 149
22. 双气缸活塞式调节阀由远程操作改手轮现场操作后要注意什么？ ………………………………………………………………… 150
23. 用标准节流装置进行流量测量时，流体必须满足什么条件？ … 150
24. 阀位开关用在什么场合？ ……………………………………… 150
25. DeltaV Operate 应用程序以哪两种模式运行？ ……………… 151
26. 为什么联锁系统用的电磁阀在长期通电状态下工作？ ……… 151
27. DCS 电源系统出现故障后如何处理？ ………………………… 151
28. SIS 供电怎么进行？ …………………………………………… 152
29. 发现 I/O 卡件的通道损坏时应如何处理？ …………………… 152
30. SIS 中解除联锁的方法有哪些？ ……………………………… 152
31. 如何判断 SIS 的通信卡工作正常？ …………………………… 153
32. 校验仪表时，校验点应选多少？ ……………………………… 153
33. 电磁阀常见故障有哪些？ ……………………………………… 153
34. 节流孔板前的直管段有哪些要求？ …………………………… 153
35. 现场热电偶的常见故障有哪些？如何处理？ ………………… 154
36. 现场变送器如何进行零点迁移？ ……………………………… 154
37. SIS 部分下装与完全下装需注意哪些事项？ ………………… 155
38. 操作站电脑或服务器死机时如何处理？ ……………………… 155
39. 气闭单座程控阀频繁无法全关的原因有哪些？ ……………… 155
40. DCS 的联锁解除与单点强制要注意哪些操作？ ……………… 156
41. 装置运行中仪表排污作业时应注意哪些事项？ ……………… 156
42. 阀门定位器的作用有哪些？ …………………………………… 157

第七章　应急处置　　158

1. 煤灰分变化时如何处置？……………………………… 159
2. 气化炉全系统总压差上涨如何处置？………………… 161
3. 气化炉下渣口压差上涨如何处置？…………………… 161
4. 气化炉合成气洗涤系统压差上涨如何处置？………… 162
5. 下渣口热损高有哪些原因？如何处置？……………… 162
6. 闪蒸真空泵电流波动处理方法？……………………… 163
7. 气化炉激冷室蓬渣如何处理？………………………… 163
8. 激冷水泵电流波动如何处理？………………………… 164
9. 煤粉仓过滤器出口氧含量检测仪报警原因是什么？如何处理？……………………………………………………… 165
10. 煤粉仓压力过高的原因是什么？如何处理？………… 165
11. 煤粉仓内温度过高的原因是什么？如何处理？……… 166
12. 煤粉锁斗无法泄压的原因是什么？如何处理？……… 166
13. 煤粉管线内煤粉密度低的原因是什么？如何处理？… 167
14. 煤粉仓疏松低压氮气流量低的原因是什么？如何处理？… 167
15. 水冷壁循环水罐压力低的原因是什么？如何处理？… 168
16. 低压氮气预热器出口氮气温度低的原因是什么？如何处理？……………………………………………………… 169
17. 激冷室出口合成气温度过高的原因是什么？如何处理？… 169
18. 点火烧嘴中心氮气流量低的原因是什么？如何处理？… 170
19. 高压循环水泵不打量的原因是什么？如何处理？…… 170
20. 闪蒸黑水管线堵塞的原因是什么？如何处理？……… 171
21. 真空闪蒸罐液位波动的原因是什么？如何处理？…… 171
22. 煤粉锁斗下料不畅的原因是什么？如何处理？……… 172
23. 煤粉锁斗充不上压的原因是什么？如何处理？……… 172

24. 烧嘴循环冷却水罐液位降低的原因是什么？如何处理？ …… 173
25. 增湿塔补水困难的原因是什么？如何处理？ ……………… 174
26. 合成气洗涤塔塔盘压差高的原因是什么？如何处理？ …… 174
27. 渣锁斗充压困难的原因是什么？如何处理？ ……………… 175
28. 真空闪蒸负压差的原因是什么？如何处理？ ……………… 176
29. 合成气洗涤塔补液困难的原因是什么？如何处理？ ……… 176
30. 激冷水过滤器压差上涨的原因是什么？如何处理？ ……… 177
31. 水冷壁总热损升高的原因是什么？如何处理？ …………… 178
32. 气化炉环隙及拱顶温度突然上涨的原因是什么？如何
    处理？ ……………………………………………………… 178
33. 文丘里气液分离罐振动大的原因是什么？如何处理？ …… 179
34. 点火烧嘴燃料气流量下降的原因是什么？如何处理？ …… 179
35. 闪蒸泵突然不打量的原因是什么？如何处理？ …………… 180
36. 中压闪蒸罐压力持续上涨的原因是什么？如何处理？ …… 180
37. 增湿塔向后系统带水的原因是什么？如何处理？ ………… 181
38. 煤粉给料罐压力大幅波动的原因是什么？如何处理？ …… 182
39. 气化炉激冷室液位大幅波动的原因是什么？如何处理？ … 182
40. 激冷水流量偏低或波动的原因是什么？如何处理？ ……… 183
41. 第一变换炉超温的原因是什么？如何处理？ ……………… 183
42. 第一变换炉垮温的原因是什么？如何处理？ ……………… 184
43. 第二变换炉超温的原因是什么？如何处理？ ……………… 184
44. 简述气化装置送往变换的合成气大量带水的危害及处理
    措施 ………………………………………………………… 185
45. 气化装置煤粉系统生产管控禁令内容是什么？ …………… 186
46. 煤粉泄漏后如何处理？ ……………………………………… 186
47. 应急工作的原则是什么？ …………………………………… 187

48. 中毒伤害的抢救原则是什么？ …… 188

49. 发生火灾时如何报警？ …… 188

50. 工业中防止煤自燃的方法有哪些？ …… 188

51. 长管呼吸器使用注意事项有哪些？ …… 189

52. 粉尘发生爆炸应具备的条件有哪些？ …… 189

53. 仪表空气中断后气化装置如何处理？ …… 189

54. DCS 通信故障（含黑屏）如何处理？ …… 190

55. 装置晃电或停电如何处理？ …… 193

56. 装置循环冷却水中断如何处理？ …… 195

57. 气化炉水冷壁泄漏的原因是什么？如何处置？ …… 197

58. 高压循环水泵故障如何处置？ …… 198

59. 黑水公用低压循环水泵 2 故障如何处置？ …… 200

60. LPG 供应故障如何处置？ …… 202

61. 原煤中断如何处置？ …… 203

62. 低压燃料气中断如何处置？ …… 203

参考文献 205

CHAPTER 01

第一章
煤气化装置简介

1. 装置总体情况

国家能源集团宁夏煤业有限责任公司（简称"宁煤"）400万吨/年煤炭间接液化示范项目是基于我国缺油、少气、富煤的能源基本结构，为满足我国石油消费快速增长需求、保障我国能源安全、推进国家中长期能源发展战略而设立的国家煤炭深加工示范项目。项目占地面积560公顷，投资550亿元左右，年转化煤炭2036万吨，是目前全球最大的单体煤制油项目，是宁夏回族自治区带动经济社会跨越式发展的一号工程，是原神华宁夏煤业集团实现产业结构调整、转型升级的重大项目。

400万吨/年煤炭间接液化示范项目也是国家能源集团推进煤炭清洁安全高效利用、实现绿色低碳转型的重点工程。项目承担了包括费-托合成催化剂及配套大型浆态床反应器工艺、大型干煤粉气化技术、10万立方米（标准状态）级大型空分成套技术、大型压缩机机组等重大装备及材料在内的共37项关键技术国产化任务，国产化率达到98.5%。项目打破国外技术垄断，发展独立自主煤制油产业化技术，解决一系列"卡脖子"关键技术与核心设备瓶颈问题，在煤间接液化基础理论、大型气化和费-托合成等关键技术、重大装备及特种材料制造、工程放大及系统集成等方面取得一大批重要创新成果，形成了可复制、可推广的煤间接液化成套技术，整体水平居于世界领先地位。其中"一种旋流干煤粉气化炉（神宁炉）"获得中国专利金奖，"400万吨/年煤间接液化成套技术创新开发及产业化"荣获2020年度国家科学技术进步奖一等奖，另获得省部级科技进步特等奖2项、一等奖3项，参与制定国家、行业标准26项。

项目于2013年9月28日核准并开工建设，历时近39个月于2016年12月21日打通工艺全流程，产出合格油品。2016年7月19日，习近平总书记视察正在建设的国家能源集团宁夏煤业公司400万吨/年煤炭间接液化项目，发出了"社会主义是干出来的"伟大号召。同年12月28日，在项目建成投产时习近平总书记再次发来贺信，深刻指出"这一重大项目建成投产，对我国增强能源自主保障能力、推动煤炭清洁高效利用、促民族地区发展具有重大意义，是对能源安全高效清洁低碳发展方式的有益探索，是实施创新驱动发展战略的重要成果"。

2018年10月，项目进入生产运营阶段。项目全体员工持续夯实安全环保基础，稳步提升生产经营管理水平，产品多元，质量可靠，功效一流，各项技术指标居国际领先水平。与国外同类技术相比，在各类消耗、能效和产油能力上具有明显优势，项目实现了总书记提出的"安全、稳定、清洁"运行要求。历经2020年大检修，煤制油项目运行迈进了高质量发展阶段，已连续三年突破400万吨/年油品产量大关，实现达产超产。该项目的"安全、稳定、清洁"运行标志着我国彻底掌握了具有自主知识产权的煤制油技术，为推动中国式现代化建设做出了新贡献。2024年1月19日，在人民大会堂举行的"国家工程师奖"表彰大会上，宁煤400万吨/年煤间接液化成套技术创新开发及产业化团队被授予"国家卓越工程师团队"称号。这是对宁煤人在煤化工领域从跟跑到并跑再到领跑蜕变的充分肯定，也是对宁煤人推进煤炭清洁安全高效利用、保障国家能源安全的责任担当，以实际行动加快形成新质生产力的最高褒奖。多年来，宁煤公司深入学习贯彻习近平总书记重要讲话和重要指示批示精神，推动煤制油项目实现从"建起来、开起来"到"稳起来、优起来"的跨越，成就了现代煤化工典范。

煤气化装置位于煤制油项目厂区南部，根据气化炉的分组布置划分为7个装置区，沿厂区自西向东依次排列。其中，煤气化1~6区由中国寰球工程有限公司负责设计，煤气化7区由中国五环工程有限公司负责设计。1~6区每个装置区由南向北分别布置6套备煤生产线、4套气化装置以及1套变换装置，7区由南向北分别布置6套备煤生产线和4套气化装置，7个装置区总共设置42条备煤生产线（36开6备）、28套气化装置（23开5备）、6套变换装置（6开）。备煤工段包括磨煤干燥和煤粉输送工序，主要任务是为气化装置制备并输送合格的煤粉。气化工段包含煤粉加压输送、气化、除渣、粗煤气洗涤、黑水闪蒸、黑水处理、公用工程等工序。气化炉是气化装置的核心设备，是利用煤为原料，以氧气、水蒸气作气化剂，生产以CO和H_2为主要成分的粗煤气。单台气化炉设计生产有效气（CO+H_2，标准状态）为138000m^3/h，年操作时间为8000h。单套变换系统中约占55％的粗煤气进入变换系统，将粗合成气中的CO进行变换反应，满足费-托合成和甲醇合成装置对合成气中H_2/CO值的要求；剩余约占45％的粗煤气未经变换系统，经有机硫转化后进入下游装置，满足配气要求。每个变换系列干气量（标准状态）为$572591.84m^3/h$。

首台磨煤机于2016年9月16日一次投料试车成功，至2017年11月21日42台磨煤机全部完成投料试车工作。2016年10月20日单台磨煤机实现满负荷生产，2017年12月实现24台磨煤机整体满负荷生产运行。

首台"神宁炉"于2016年10月26日一次投料试车成功，至2017年11月3日28台气化炉全部完成投料试车工作。2016年11月29日单炉实现满负荷生产，2017年12月7日实现24台气化炉整体满负荷生产运行。截至2024年5月，28台气化炉A类优质运行时间平均达到220天，实现了单炉为期23天的计划检修，以及公用系统三年一大修的目标。

首套变换装置于2016年10月27日投料试车，成功产出合格变换气和未变换气。2017年10月，第6套变换装置试车完成，6套变换装置全部正常运行。2017年12月实现6套变换装置满负荷生产运行。

2. 工程建设概况

（1）工程建设情况

国家能源集团宁夏煤业有限责任公司400万吨/年煤炭间接液化项目于2004年1月以"项目招投标"的形式获得国家发展改革委立项，2011年完成项目国产化技术可行性研究报告，2013年9月18日获得国家发展改革委核准，2013年9月28日正式开工建设。2016年10月29日打通甲醇线全流程，产出合格精甲醇。2016年12月21日，油品A线产出合格油品。2017年7月17日油品A线达到满负荷运行，11月19日油品B线一次性投料试车成功，12月7日实现满负荷运行。

煤气化装置作为煤制油项目的龙头装置，于2013年1月开始工艺包开发，2016年9月项目中交试车，2016年10月26日产出合格粗煤气。详细节点如下：

2012年7月,完成流程设计。

2013年1月,完成工艺包开发。

2013年10月,完成基础设计。

2015年2月,完成详细设计。

2016年4月,完成施工安装。

2016年9月,项目中交试车。

2016年10月,产出合格粗煤气。

2016年11月,单炉满负荷生产。

2017年11月,28台"神宁炉"全部试车成功。

2017年12月,24台气化炉整体满负荷生产运行。

(2)工程设计及施工单位情况

煤气化装置1~6区由中国寰球工程有限公司负责基础设计和详细设计,煤气化装置1、2区项目建设由中石化第四建设有限公司负责,煤气化装置3、4区项目建设由中石化第十建设有限公司负责,煤气化装置5、6区项目建设由中国化学工程第十一建设有限公司负责。

煤气化装置7区由中国五环工程有限公司负责基础设计和详细设计,项目建设由中国化学工程第六建设有限公司负责。

(3)设备采购及国产化情况

煤气化装置7个区域共有设备4570台,其中动设备共有1955台,静设备共有2615台,所有设备均实现国产化。DCS控制系统5套,均为进口;SIS系统4套,均为进口。

备煤装置设备共计1422台(套),其中容器(类)586台、换热器(类)7台;气化装置设备共计2821台(套),其中容器(类)1298台、换热器(类)360台;变换装置设备共计247台(套),其中容器(类)86台、换热器(类)114台。

该项目的气化炉、水冷壁、煤粉给料系统、气化炉烧嘴等关键设备全部实现国产化,气化炉锁渣阀、氧气切断阀、煤粉锁斗切断阀等部分关键仪表、程控阀门进行国产化试用，均由国内生产厂家设计、生产、制造、改造。

3. 装置集群化优点

① 煤气化装置集群化，是发展必然趋势。规模化、集群化、智能化是现代煤化工工业发展的方向。煤气化装置集群化的目的是有效降低成本，这主要源于高效的物料供应、物质和能量的集成以及规模效益，解决了不必要的中间环节和资源浪费，更有效地耦合形成了新系统化的功能组合体。

② 煤气化装置集群化，系统负荷稳定。单区气化炉相互备用、区与区之间气化炉相互备用，可以有效保障系统总负荷的稳定。

③ 煤气化装置集群化，抗干扰能力强。进出公用物料介质管网庞大且互相备用，可以有效抵抗小部分设备故障带来的管网供应压力的波动。

④ 煤气化装置集群化，迭代更新速度快。23台气化炉持续运行，每个装置暴露出一些不同的运行问题，其他装置迅速响应优化改造，可以在很短的时间内对装置进行消缺优化。

4. 试车与生产运行难点

① 装置多而复杂，管理难度大。气化装置有42条备煤线、28台气化炉、14套黑水过滤装置、6套变换装置，装置系列多、区域广，生产管理、检修管理、物资管理、人员管理等十分复杂。

② 试车流程长，与生产深度交叉。从第一台气化炉试车到最后一台气化炉试车，历时380天，先试车成功的装置转入生产运行，造成单区内4台气化炉试车和生产交叉，区与区之间气化炉试车和生产交叉，试车风险因素急剧增加，且随着运行装置系列数不断增加，全厂系统关联性增强，如局部异常时不能快速准确反应，将造成装置大面积停车。

③ 公用管网复杂，对人员素质要求高。装置系列多、公用管网大而复杂，局部隔离交出复杂，涉及管网介质的应急处置复杂，对操作和技术管理人员技术技能水平要求高。

④ 装置系列多，标准化执行难度大。装置系列多，操作和技术管理人员分区域管理，同一个工艺操作、应急处置预案、优化改造方案或管理措施，虽然标准一样，但由于装置数量和人员理解不一致，极有可能造成执行偏差，这就需要耗费管理人员大量的精力来检查纠偏。

第二章
煤气化基础知识

第二章 煤气化基础知识

我国是富煤、贫油、少气、可再生能源总量有限的国家，煤化工在我国化学工业中占据越来越重要的地位。煤气化是煤化工的"龙头"，也是煤化工的基础。煤气化生产的合成气，是制备合成氨、甲醇、液体燃料、天然气等多种产品的原料。煤气化工艺技术的进步带动着煤化工技术的整体发展，可以保证以煤为原料生产合成气制备下游产品的可靠性和稳定性。本章通过问答形式介绍了部分煤气化基础知识。

1. 什么是煤气化？

答：煤气化是一个热化学过程，是指把经过适当处理的煤送入反应器如气化炉内，在一定的温度和压力下，通过氧化剂（空气或氧气和蒸汽）以一定的流动方式转化成气体，得到粗制煤气的过程。

2. 煤气化原理是什么？

答：煤气化过程实际上是煤炭在高温下的物理变化和热化学反应过程。由于煤在气化炉内高温条件下发生多相反应，反应过程极为复杂，可能进行的化学反应很多，主要是煤的干燥与裂解、挥发物的燃烧气化、煤颗粒与气化剂的氧化反应、二氧化碳和氢气与煤颗粒的反应、一氧化碳与水或氢气的反应、一氧化碳或二氧化碳与氢气的反应等，生成的合成气中主要含 CO、H_2、CO_2、CH_4、H_2O、N_2，以及少量的 H_2S、COS 等。

3. 煤气化技术有哪些分类方式？

答：煤气化技术可按压力、气化剂、气化过程供热方式等分类，常用的是按气化炉内煤料与气化剂的接触方式区分，主要有固定床气化、熔浴床气化、流化床气化、气流床气化，其中气流床气化因其煤种适应性广、清洁、高效等特点，已成为当今煤气化的发展主流。

4. 什么是气流床煤气化？有哪些分类？

答：气流床煤气化就是煤浆或煤粉和气化剂（或氧化剂）以射流的形式喷入气流床气化炉内，在均匀高温下，快速转化为有效气体的过程。炉内的高温使煤中的灰熔解，作为熔渣排出。

现代气流床煤气化的共同点是加压（3.0~6.5MPa）、高温、细煤粒，但在煤处理、进料形态与方式、混合方式、炉壳内衬、排渣、余热回收等方面存在不同，从而形成了不同风格的技术流派。气流床煤气化技术主要分为水煤浆气化和干煤粉气化两大类。水煤浆气化技术最具代表性的有通用电气（GE）公司的 Texaco 水煤浆加压气化技术、华东理工大学的多喷嘴水煤浆加压气化技术；干煤粉气化技术最具代表性的有荷兰壳牌（Shell）公司的干煤粉加压气化技术、德国 Future Energy 公司的 GSP 干煤粉加压气化技术、国家能源集团宁煤公司的"神宁炉"干煤粉加压气化技术、航天长征化学工程股份有限公司的 HT-L 干煤粉加压气化技术。

5. 什么是干煤粉加压气化技术？

答：干煤粉加压气化就是煤粉（粒径<100μm）和氧气以及蒸汽以射流的形式喷入气化炉，在高温高压条件下发生部分氧化反应，生产以 $CO+H_2$ 为有效成分的合成气的过程。

6. 干煤粉加压气化技术有哪些优点？

答：干煤粉加压气化技术具有煤种适应性广、比氧耗和比煤耗低、有效气（CO+H₂）含量高、碳转化率高、冷煤气效率高、环境友好、运行周期长等优点。

7. "神宁炉"气化技术有哪些技术特点？

答："神宁炉"在气流床气化技术领域，除具有干煤粉气化技术比氧耗低、比煤耗低等优点外，还具有以下突出的技术优势：

一是煤种适应性强，采用干煤粉作气化原料，不受成浆性的影响，对煤种的适应性更为广泛，可适用于灰分含量12%～22%的原料煤。

二是采用嵌套式组合烧嘴以及三合一火检装置，点火成功率高，可靠性强；采用组合式燃烧器通道结构，可控制火焰形状，确保气化炉内壁挂渣均匀。

三是烧嘴采用了长明灯设置，保证了气化炉的快速低能耗启动，且系统在非正常工况下能快速启停，气化炉冷态启动需4h，热态启动仅需2h。

四是采用了湍流强度大、反应程度高的闭式循环膜式水冷壁反应室，反应室与组合式燃烧器及稳流排渣系统耦合，效率高、灰渣比低、运行可靠。

五是新型下渣口配置气渣保护屏水冷壁（为"神宁炉"专利技术），有效防止下渣口烧损，保证了碳转化率。

六是采用高效的合成气洗涤流程，合成气通过激冷室内设置的下降管除尘后，继续在一级和二级文丘里洗涤器、洗涤塔进行分段分级洗涤，最终得到的合成气含尘量≤0.5mg/m³。

七是开发的智能操控系统，实现了投料条件自动确认、投料过程一键启动、运行过程自动调整、异常情况自动保护，使气化炉运行更加安全可靠。

八是对环境友好。单炉废水外排量40t/h，远低于同类气化炉废水外排量。炉渣中残碳（炭）少于1%，且通过渣沥水装置将含水量降至10%

左右。

九是完善的技术保障体系。4个大型煤气化装置，700余人的专业化项目管理队伍。100台OTS（仿真培训系统）模拟操作站，"一对一"师徒培训模式。成建制的开车服务队，提供装置开车和保运服务。1000名煤气化专业生产技术人才，在设计、竣工检查、调试、开车及性能考核阶段提供技术支撑。

8. "神宁炉"气化技术有哪些创新点？

答："神宁炉"干煤粉加压气化技术是国家大力实施创新驱动发展战略的典范，具有自主知识产权、设备全部国产化、投资运行成本低、自动化程度高、能耗低且环境友好等技术优势。"神宁炉"具有多项技术创新亮点，其构建了气化炉流场等分析模型，奠定了气化炉研制的理论和工程基础；研制了新型镶嵌组合式燃烧器系统，独创了闭式循环膜式水冷壁反应室，发明了独特穹顶式、沉降式、破泡式激冷室结构，使气化炉灰渣比低、燃烧效率高、洗涤效果好；实现了快速低能耗启动，气化炉冷态启动需4h，热态启动仅需2h，开停车效率极高；开发的智能操控系统，实现了投料条件自动确认、投料过程一键启动、运行过程自动调整、异常情况自动保护，使气化炉运行更加安全可靠。

9. "神宁炉"气化技术有哪些工序？

答：如图2-1的工艺流程简图所示，"神宁炉"干煤粉加压气化技术主要包含磨煤、干燥、煤粉气流输送、煤粉加压输送、气化、除渣、合成气洗涤、黑水处理等工序。

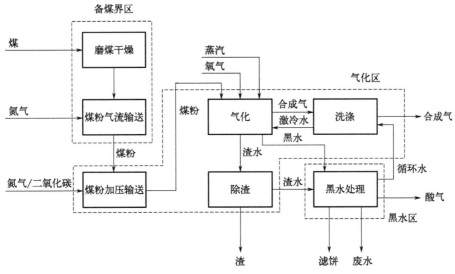

图 2-1 "神宁炉"工艺流程简图

10. "神宁炉"气化技术指标如何？

答："神宁炉"技术指标优越，单台炉有效气（$CO+H_2$）产量为 130000～150000m^3/h（标准状态），年操作时间 8000h，碳转化率大于 98.5%，冷煤气效率大于 81.5%，比氧耗 285m^3 氧/km^3 有效气，比煤耗 562kg 煤/km^3 有效气，合成气含尘量≤0.5mg/m^3，渣饼比（干基）3∶2，操作负荷 75%～108%。

11. 简述"神宁炉"气化技术工艺流程

答：如图 2-2 所示，低压煤粉通过两个交替运行的煤锁斗送入高压煤粉发料罐，通过密相气力输送系统，将煤粉送入顶置强旋转动量传导组合式燃烧器的燃烧室；在燃烧室中发生部分氧化反应，产生高温合成气和液

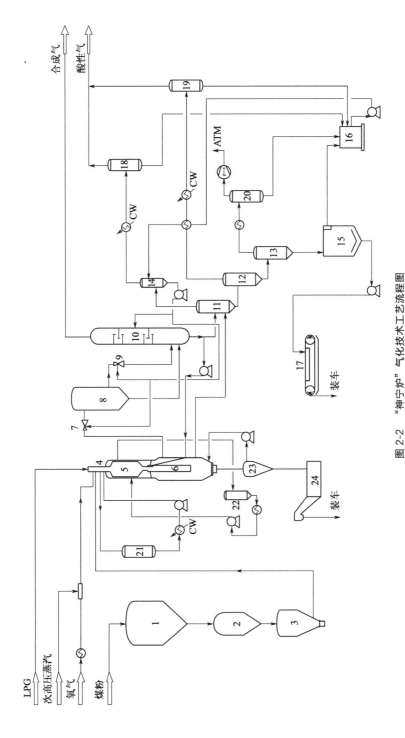

图 2-2 "神宁炉"气化技术工艺流程图

1—粉煤仓；2—煤斗；3—发料罐；4—组合式燃烧器；5—燃烧室；6—激冷室；7—一级文丘里；8—气液分离器；9—可调文丘里；10—洗涤塔；11—闪蒸塔；12—中压闪蒸罐；13—真空闪蒸罐；14—减湿槽；15—沉降槽；16—循环水槽；17—真空过滤机；18—闪蒸气液气液分离罐 1；19—闪蒸气气液分离罐 2；20—闪蒸气气液分离罐 3；21—烧嘴冷却水罐；22—水冷壁循环水罐；23—渣锁斗；24—捞渣机

态渣；高温合成气和液态渣并流下行进入激冷室，经水浴激冷后进行合成气和固态渣分离，大部分灰渣沉降至激冷室底部，通过渣锁斗减压外排，少量细灰随合成气进入合成气洗涤单元；含尘合成气和高压循环水通过两级文丘里洗涤器、洗涤塔充分润湿后，进入气液分离器，分离后的合成气经洗涤塔深度处理后进入下游装置。

从激冷室底部和洗涤塔底部排出的黑水经减压后被送至闪蒸塔。黑水经过三级闪蒸后进行分离，分离得到的酸性气体送到界外进行处理，三级闪蒸气体冷却后进入循环水罐回用。黑水处理系统实现固液分离，大部分澄清水作为合成气洗涤系统的回用水，少量废水外排以保证系统的离子平衡。

12. 什么是气化炉的性能标定？标定的目的和内容是什么？

答：性能标定：是指投料试车产出合格产品后，对装置连续运行 72h 生产能力、工艺指标、环保指标、产品质量、设备性能、自控水平、消耗定额等是否达到设计要求的全面考核。

标定目的：

生产装置性能标定是从生产能力、工艺指标、环保指标、产品质量、设备性能、自控水平、消耗定额等方面进行考核和评比。

具体如下：

① 测定示范工程的能耗、水耗以及"三废"排放等主要指标，并计算能源转化效率和二氧化硫（SO_2）、氮氧化合物（NO_x）及二氧化碳（CO_2）等排放强度。

② 收集相关数据并进行整理核算，掌握示范工程的物料消耗、生产负荷、各机组及传动设备运行情况、安全环保及投资强度，判断以上指标是否达到设计值。

③ 查找并分析示范工程存在的问题，为进一步优化操作和技术改造提供可靠的依据和建议。

另外,将装置标定时暴露的工艺、设备、仪表问题,作为诊断决策及装置技改攻关的重要依据。同时,通过标定可以锻炼队伍,提高各岗位人员对装置的熟悉程度和驾驭能力,最终实现气化装置的"安、稳、长、满、优"运行。

标定内容:

① 全系统物料平衡;

② 全系统及各单元装置能量平衡;

③ "三废"排放。

13. 气化炉合成气中有效气产量如何计算?

答:以气化炉合成气洗涤塔出口至变换管线在线合成气流量为基准气量,有效气产量(干基)计算公式如下:

$$\text{有效气产量} = \text{总气量} \times \frac{P + 0.1 - \exp\left(9.3876 - \dfrac{3826.36}{T + 227.68}\right)}{P + 0.1} \times (V_{CO} + V_{H_2})$$

注:该公式参考陈志新等编著的《化工热力学》。

式中,P 为洗涤塔出口合成气压力,MPa;T 为洗涤塔出口合成气温度,℃;V_{CO} 为在线分析仪测得的 CO 体积分数(干基);V_{H_2} 为在线分析仪测得的 H_2 体积分数(干基)。

14. 什么是气化炉比煤耗?

答:比煤耗是指生成 $1000m^3$(标准状态)有效气($CO+H_2$)所消耗的煤粉的质量。

$$\text{比煤耗} = \frac{\text{入气化炉煤折}100\%\text{干燃料量}}{\text{出气化炉粗煤气中}(CO+H_2)\text{气量}} \times 1000$$

15. 什么是气化炉比氧耗？

答：比氧耗是指生成 1000m³（标准状态）有效气（CO＋H_2）所消耗的氧气的量。

$$比氧耗 = \frac{入气化炉氧气折100\%氧气量}{出气化炉粗煤气中(CO+H_2)气量} \times 1000$$

16. 什么是气化炉煤气产率？

答：煤气产率是指每吨入炉煤粉生成的有效气（CO＋H_2）的量。

17. 什么是气化炉碳转化率？

答：碳转化率是指原料中的碳元素转移到合成气中的质量占比。

$$碳转化率 = \frac{入炉煤带入的碳 - (灰中的残碳量 + 渣中的残碳量)}{入炉煤带入的碳} \times 100\%$$

18. 什么是气化炉冷煤气效率？

答：冷煤气效率是指原煤的化学能转化为有效气化学能的百分比。

$$冷煤气效率 = \frac{出气化炉煤气中(CO+H_2)低热值 \times 有效气体量}{入炉煤的低热值 \times 入炉煤量} \times 100\%$$

19. 什么是气化炉能源转化效率？什么是单位产品综合能耗？

答：能源转化效率 = $\dfrac{\text{能源产出总量（主产品＋副产品）}}{\text{能源投入总量（原料煤＋各消耗物料）}} \times 100\%$

单位产品综合能耗 = $\dfrac{\text{能源投入总量－副产能源总量}}{\text{主产品产量}}$

20. 煤质分析化验中有哪些基准？

答：煤质分析中常用的"基"有空气干燥基、干燥基、收到基、干燥无灰基、干燥无矿物质基。为方便记录，"基"通常用各英文名词的开头字母表示，如空气干燥基 ad、干燥基 d、收到基 ar、干燥无灰基 daf、干燥无矿物质基 dmmf 等。

① 干燥基（dry basis）是指以假想无水状态的煤为基准，表示符号为 d。

② 空气干燥基（air dry basis）是指以与空气湿度达到平衡状态的煤为基准，表示符号为 ad。

③ 收到基（as received）是指以收到状态的煤为基准，表示符号为 ar。

④ 干燥无灰基（dry ash free）是指以假想无水、无灰状态的煤为基准，表示符号为 daf。

⑤ 干燥无矿物质基（dry mineral matter free）是指以假想无水、无矿物质状态的煤为基准，表示符号为 dmmf。

21. 煤化指标有哪些？具体代表什么？

答：煤化指标是通过煤的工业分析获得的。工业分析也叫技术分析或实用分析。包括煤中水分、灰分和挥发分的测定及固定碳的计算。

（1）水分（M）

水分是一项重要的煤质指标，它在煤的基础理论研究和加工利用中都具有重要的作用。

煤中水分随煤的变质程度加深而呈规律性变化：泥炭→褐煤→烟煤→年轻无烟煤，水分逐渐减少；年轻无烟煤→年老无烟煤，水分又增加。因此可以由煤的水分含量来大致推断煤的变质程度。

（2）灰分（A）

煤的矿物质是赋存于煤中的无机物质。煤的灰分不是煤中的固有成分，而是煤在规定条件下完全燃烧后的残留物。灰分分为外在灰分和内在灰分。外在灰分是来自顶板和夹矸中的岩石碎块，它与采煤方法的合理与否有很大关系。外在灰分通过分选大部分能被去掉。内在灰分是成煤的原始植物本身所含的无机物，内在灰分含量越高，煤的可选性越差。灰是有害物质，动力煤中灰分增加，则发热量降低、排渣量增加。煤容易结渣，一般灰分每增加2%，发热量降低100kcal/kg（1kcal＝4.186kJ）左右。

灰分是煤中矿物质在一定条件下经一系列分解、化合等复杂反应而形成的，是煤中矿物质的衍生物。它在组成和质量上都不同于矿物质，但煤的灰分产率与矿物质含量间有一定的相关性，可以用灰分来估算煤中矿物质含量。

（3）挥发分（V）

煤样在规定的条件下，隔绝空气加热，并进行水分校正后的挥发物质产率即为挥发分。煤的挥发分主要是由水分、碳氢的氧化物和碳氢化合物（以 CH_4 为主）组成，但煤中物理吸附水（包括外在水和内在水）和矿物质二氧化碳不在挥发分之列。

煤的挥发分产率与煤的变质程度的关系：随着变质程度的加深，挥发分逐渐降低。因此根据煤的挥发分产率可以预判断煤的种类。

工业分析中测定的挥发分不是煤中原来固有的挥发性物质，而是煤在严格规定条件下加热时的热分解产物，改变任何试验条件都会给测定结果带来不同程度的影响。

挥发分的作用：

① 根据挥发分产率和测定挥发分后的焦块特性可以初步确定煤的加工利用途径。

② 在配煤炼焦中，用挥发分来确定配煤比。

③ 由煤的挥发分可以估算炼焦时焦炭、煤气、焦油和粗苯等的产率。

④ 在燃煤中，可根据挥发分来选择适用于特定煤源的燃烧设备或适用于特定设备的煤源。

⑤ 在气化中，挥发分影响煤气中甲烷的含量、副产品的产率及反应性。

⑥ 挥发分与其他煤质特性指标，如发热量、碳和氢含量都有较好的相关性。利用挥发分可以计算煤的发热量和碳氢含量。

（4）固定碳（FC）

固定碳含量是指煤炭除去水分、灰分和挥发分后的残留物，它是确定煤炭用途的重要指标。不同煤种，固定碳含量不同，固定碳是参与气化反应的基本成分。

固定碳不等于煤的含碳量，含碳量是碳在煤中的质量分数，包括煤中全部碳量。煤在加热后，水分首先析出，随着温度的升高，挥发分逐渐析出，煤中的一部分碳也挥发成气体，没有挥发的碳称为固定碳。

煤的固定碳与挥发分一样，也是表征煤的变质程度的一个指标，随变质程度的增强而增高。固定碳是煤的发热量的重要来源，所以有的国家以固定碳作为计算煤发热量的主要参数。

（5）发热量（Q）

发热量是指单位质量的煤完全燃烧时所产生的热量，主要分为高位发热量和低位发热量。煤的高位发热量减去水的汽化热即低位发热量。发热量是褐煤及低煤化烟煤阶段的煤化指标。在褐煤到低煤化烟煤阶段，煤的发热量随煤化程度的增加而增大，到无烟煤阶段煤的发热量又有所降低。

为便于比较，我们在衡量煤炭消耗时，要把实际使用的不同发热量的煤炭换算成标准煤，标准煤的发热量为 29.3MJ/kg（7000kcal/kg）。国内贸易常用发热量标准为收到基低位发热量（$Q_{net,ar}$），它反映煤炭的应用效果，但外界因素影响较大，如水分等，因此 $Q_{net,ar}$ 不能反映煤的真实品质。国际贸易通用发热量标准为空气干燥基高位发热量（$Q_{gr,ad}$），它能较为准确地反映煤的真实品质，不受水分等外界因素影响。在同等水分、灰分等情况下，空气干燥基高位发热量比收到基低位发热量高 1.25MJ/kg（300kcal/kg）左右。

（6）全硫（S_t）

硫是煤中的有害元素，包括有机硫、无机硫。1%以下才可用于燃料。现在常说的环保煤、绿色能源均指硫分较低的煤。常用指标有空气干燥基全硫（$S_{t,ad}$）、干燥基全硫（$S_{t,d}$）及收到基全硫（$S_{t,ar}$）。

（7）黏结指数（G）

在规定条件下，烟煤在加热后黏结专用无烟煤的能力是煤炭分类的重要标准之一，也是冶炼精煤的重要指标。黏结指数越高，结焦性越强。

（8）煤灰熔融性温度（灰熔点）

在规定条件下得到随加热温度而变化的煤灰熔融性变形温度（DT）、软化温度（ST）、半球温度（HT）、流动温度（FT）。煤灰熔融性温度越高，煤灰越不容易结渣。因锅炉和气化炉设计不同，对煤灰熔融性温度要求也不一样。煤灰熔融性温度的高低，直接关系到煤作为燃料和气化原料时的性能，煤灰熔融性温度低，煤灰容易结渣，增加了排渣的难度，尤其是固态排渣的锅炉和移动床的气化炉，对煤灰熔融性温度要求较高。

（9）哈氏可磨指数（HGI）

哈氏可磨指数是反映煤的可磨性的重要指标。煤的可磨性是指一定量的煤在消耗相同的能量时，磨碎成粉的难易程度。可磨指数越大，煤越容易磨碎成粉。在发电煤粉锅炉和高炉喷吹用煤选择时，可磨指数是质量评价的一个重要指标。

（10）煤的镜质体反射率

反射率是指垂直反射时，反射光强度和入射光强度的百分比，一般用 R 表示。一般是挥发分与镜质体反射率两个指标配合使用，煤的镜质体反射率不受煤的岩石成分含量影响，却能反映煤化程度。它随其有机组分中碳含量的增加而升高，随挥发分产率的升高而减小，即在不同的变质阶段，对同一显微组分来说，反射率不同。

煤的镜质体反射率是一个很重要的煤分类指标，特别是在对无烟煤阶段的划分中，灵敏度大，是区分年老无烟煤、典型无烟煤和年轻无烟煤的一个较理想的指标。

（11）壳质组的荧光性

煤的壳质组用蓝光、紫外光、X 射线或阴极射线照射后被激发而发光。在低煤化阶段，壳质组的荧光性是较好的煤化程度指标，煤的荧光性与反射率之间具有此消彼长的关系。

22. 煤的哪些性质会影响气化效果？

答：影响气化效果的煤的性质，包括反应活性、黏结性、结渣性、热稳定性、机械强度及粒度等。

（1）反应活性

反应活性是指在一定条件下，煤炭与不同的气体介质（如二氧化碳、氧气、水蒸气、氮气等）相互作用的能力。表示煤炭反应活性的方法通常是以被还原为 CO 的 CO_2 量占通入 CO_2 总量的体积分数，即 CO_2 的还原率，作为反应活性的指标。反应活性高有利于各种气化工艺的进行。

（2）黏结性

煤的黏结性是指煤被加热到一定温度时，煤质受热分解并产生胶质体，最后黏结成块状焦炭的能力。煤的黏结性不利于气化过程的进行。

（3）结渣性

煤中的矿物质，在高温和活性气体介质的作用下，转变为牢固的黏结物或熔融物质炉渣的能力称为结渣性。煤的结渣性不仅与煤的灰熔点和灰分含量有关，也与气化的温度、压力、停留时间以及外部介质性质等操作条件有关。在生产中往往以灰熔点作为判断结渣性的主要指标。结渣对气化不利。

（4）热稳定性

热稳定性是指煤在高温下燃烧或气化过程中，在温度剧烈变化时的稳定程度，也是块煤在温度急剧变化时，保持原本粒度的性能。煤的热稳定性与煤的变质程度、成煤过程条件、煤中的矿物质组成以及加热条件有关。一般烟煤的热稳定性较好，褐煤、无烟煤和贫煤的热稳定性较差。热稳定性好对气化有利。

（5）机械强度

煤的机械强度是指块煤的抗碎强度、耐磨强度和抗压强度等综合性物理和力学性能。一般来说，无烟煤的机械强度较大。机械强度高有利于气化工艺的进行。

23. 气化炉用煤有什么指标要求？各指标的作用是什么？

答：气化炉用煤指标是气化炉安全高效运行的关键，重要指标要求水分含量小于4%，煤灰分含量为13%～18%，煤灰酸碱比为3.2～4.0，煤灰温度差值为40～80℃，气化炉操作温度范围内煤灰熔融态渣黏度为15～50Pa·s且变化平缓。

（1）灰分

煤中灰分来源于矿物质，其燃烧留下的残渣称为灰分。灰分分为外在灰分和内在灰分。外在灰分是来自顶板和夹矸中的岩石碎块，外在灰分通过煤的洗选工艺可去掉大部分。内在灰分是成煤的原始植物本身所含的无机物，内在灰分含量越高，煤的可选性越差。煤中灰分含量增加，发热量降低，气化炉炉温波动，排渣量增加，系统磨损加剧。

（2）灰熔点

煤灰的熔融特征温度分为四个，即变形温度（DT）、软化温度（ST）、半球温度（HT）和流动温度（FT），一般采用软化温度（ST）作为煤的灰熔点。煤灰熔点温度的高低，直接关系到煤作为气化原料时的性能，煤灰熔点温度低，煤灰容易结渣，增加了排渣的难度。

在气流床气化技术中主要以流动温度（FT）作为参考指标，要求低于1400℃，且操作温度高于流动温度50～100℃。在实际的气流床气化炉生产中，煤灰的液态渣会在气流拖曳以及重力的共同作用下以熔融状态进入激冷室。在此过程中，如果气化炉操作温度高于煤灰流动温度100℃以上，液态渣的流动性变强，会冲刷和侵蚀捣打料；如果气化炉操作温度接近或低于煤灰流动温度，液态渣的黏度增大，进而产生炉内结渣，甚至出现下渣口堵塞的情况。同时若气化用煤温度差值 ΔT（流动温度－变形温度）过小，煤灰从软化到流动十分迅速，无法及时有效调整炉温，往往造成渣层的剧烈波动，表现为水冷壁热损波动。若 ΔT 过高，往往会造成炉温低，水冷壁无法挂渣。

（3）酸碱比

煤灰化学组成成分为 SiO_2、Al_2O_3、TiO_2 等酸性氧化物和 MgO、Na_2O、K_2O、CaO、Fe_2O_3 等碱性氧化物。通常，酸性氧化物可提高煤灰熔点，碱性氧化物可降低煤灰熔点。煤灰的酸碱比是指煤灰中的酸性氧化物与碱性氧化物的质量比，它可用于表征煤灰熔融的难易程度。随着酸碱比增大，酸性氧化物含量增多，煤灰的流动温度也会逐渐升高。酸碱比大于 3.65 时，随着酸碱比的增大，煤灰的流动温度大幅提升，严重制约气化装置正常炉温调整。

（4）黏温特性

煤灰的黏温特性表述了煤灰在高温下形成的熔融态渣的黏度与温度间的关系。干煤粉液态排渣气化炉的熔融态渣黏度一般要求在 15～50Pa·s 之间，此黏度对应的温度范围应与干煤粉气化炉操作温度相吻合。当煤灰熔融态渣的黏度在气化炉操作温度范围内变化不大时，其操作弹性较大，气化炉温度发生波动时，对气化运行影响较小；反之，若熔融态渣的黏度在气化炉操作温度范围内变化大，当气化炉出现比较小的温度波动时，黏度变化剧烈，往往会造成气化炉排渣不畅，甚至损坏气化炉水冷壁。

24. 气化装置水质指标是什么？各自的含义是什么？

答：在煤化工行业，灰水系统拥有重要的地位，当因水质差引发灰水系统沉积、结垢等问题时，就像血管受到硬化或结块堵塞，无法畅通，这足以令装置的生产完全停顿。因此，气化装置水质的好与坏，对装置的长周期、安全、清洁、高效运行具有重要意义。

煤气化装置灰水系统的水质是由原料煤和外补水带入系统，经反应、闪蒸、浓缩后，再以系统外排废水带出，最终使灰水系统达到一定的浓缩倍数而决定的。因此，在稳定系统负荷和外补水水质后，适当提高外排废水量，有利于优化系统水质。灰水水质指标的偏离最终会造成腐蚀、软泥沉积、结垢等异常工况，进而制约装置长周期运行。

（1）悬浮物

悬浮物是大量分子或离子结合而成的肉眼可见的小颗粒，大小通常在几十微米以上，较长时间静置后可以沉淀。悬浮物是造成灰水系统软泥沉积堵塞的主要因素，通常控制其浓度低于80mg/L。

（2）pH值

pH值是灰水中酸碱度的数值，$pH=-\lg[H^+]$，即所含氢离子浓度常用对数的负值。pH值小于6，管道设备有腐蚀风险；pH值大于7后，值越高，灰水总碱度越大，系统结垢倾向越强。pH值通常控制在6～8之间。

（3）总硬度

总硬度通常以灰水中Ca^{2+}和Mg^{2+}的总含量表征。它是系统结垢的主要因素之一，通常控制在1500mg/L以下。灰水中的钙、镁等盐类因浓度或温度变化，超过其溶解度而过饱和时即结晶析出，在设备表面形成致密而牢固的垢片。

（4）总碱度

总碱度是指灰水中能与强酸发生中和作用的物质的总量。这类物质包括强碱、弱碱、强碱弱酸盐等。它是系统结垢的主要因素之一，通常控制其含量低于 10mmol/L。

（5）氯离子

氯离子指灰水中氯的 -1 价离子含量。氯离子可导致金属腐蚀，尤其是不锈钢设备和管道。其主要来源于原料煤的气化反应，也是判定灰水系统浓缩倍数的重要参考指标，通常控制其含量低于 500mg/L。

（6）化学需氧量（COD）

化学需氧量是指灰水中能被氧化的物质在规定条件下进行化学氧化过程中所消耗氧化剂（高锰酸钾、重铬酸钾）的量，以每升灰水样消耗氧的质量（mg）表示。化学需氧量表征灰水受还原性物质的污染程度，主要来源于原料煤气化反应生成的 H_2S、未燃尽的碳、分散剂中有机物质残留以及润滑油等物质的窜入，通常控制其含量低于 1400mg/L。正常工况下，灰水中的碳是造成化学需氧量升高的主要因素，此时需要改善气化炉燃烧工况，减少飞灰含量。

（7）氨氮

氨氮是指灰水中以游离氨（NH_3）和铵根离子（NH_4^+）形式存在的氮。氨氮主要来源于原料煤的气化反应、变换装置高温凝液和酸水汽提装置低温凝液，通常控制其含量低于 250mg/L。气化炉操作压力的提高，促进了氨氮的生成，压力的提高也不利于氨氮向氮气转化，反应生成的氨氮大部分溶于系统黑水中，若黑水闪蒸装置闪蒸去除的不凝气减少，会造成灰水中的氨氮含量升高，进而中和 HCl、HCN 等酸性物质，提高灰水的碱度，加剧了系统结垢。

（8）总溶固

总溶固又称溶解性固体总量，它表明 1L 灰水中溶解的溶解性固体的质量（mg），即灰水中溶解组分的总量，包括溶解于灰水中的各种离子、分子、化合物的总量，但不包括悬浮物和溶解气体，通常控制其含量低于3500mg/L。

一般情况下，灰水中总溶固含量越低，灰水中的盐类杂质含量越少；总溶固含量越高，溶解性离子包括碳酸根离子、钙离子、镁离子等含量越多，结垢性越强。

25. 絮凝剂的作用是什么？

答：凡是能使水溶液中的胶体或者悬浮物颗粒产生絮状沉淀的水处理剂都被称作絮凝剂。煤气化装置常用的絮凝剂为合成有机高分子絮凝剂（聚丙烯酰胺），利用其高分子量（500万～2000万）、长分子链以及电荷性能，通过网捕、架桥等作用，将微小絮体凝聚成大片絮体，加速沉降。

（1）机理

吸附架桥：如图2-3所示，1个长链阳离子聚丙烯酰胺大分子可同时吸附多个胶粒，或是1个胶粒可同时吸附2个高分子链，而形成"架桥"的结构，把胶粒裹集起来而聚沉。

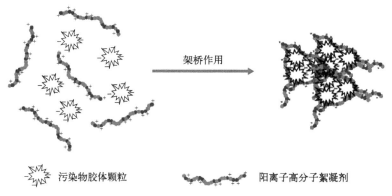

图2-3 吸附架桥示意图

电中和：如图2-4所示，阳离子聚丙烯酰胺因为含有带正电的阳离子基，与带负电的煤灰颗粒产生静电吸引力，能够通过压缩水化层半径，增加与胶粒之间的相互吸引力，从而完成吸附聚集作用。

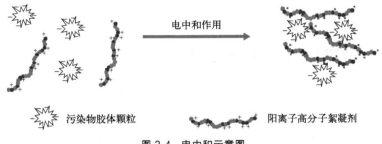

图 2-4 电中和示意图

（2）影响因素

① pH 值：选择合适的 pH 值环境，可节省絮凝剂用量，降低成本，提高絮凝效果，一般情况下 pH 值小于 6 不易沉降。

② 用量：絮凝剂用量过小，影响胶体的絮凝和沉降效果，导致灰水中悬浮物含量高；用量过多，过多高分子同时吸附在一个胶粒上，导致高分子失去架桥作用，反而把微粒保护起来，起稳定胶粒的作用，不利于絮凝。

③ 分子量：高分子聚合物分子量太低时，吸附在悬浮颗粒表面的絮凝剂分子产生的架桥作用较弱，悬浮颗粒难以沉降；而随着分子量的增大，吸附架桥作用增强，絮凝速度加快；但是当聚合物分子量太高时，前期形成的絮体沉降速度过快，导致许多细小絮体来不及被吸附而残留在上层液体中，导致上清液浊度较高。

④ 溶解时间：溶解时间短，固体粉末未来得及溶解，分子链未展开，影响使用效果。

⑤ 离子度：阳离子絮凝剂是通过电中和作用和吸附架桥作用而发挥絮凝作用的，阳离子絮凝剂分子链上带有正电荷的基团，可以中和颗粒表面的负电荷，正电荷越多，电中和作用越强，进而压缩颗粒表面双电层，使粒子之间的间距缩短，引起颗粒脱稳，此时再进一步通过吸附架桥作用形成大的絮体，因此阳离子度越高，电中和作用和吸附架桥作用越强，粒

子形成大的絮体的速度加快，絮凝效果就又快又好，但是阳离子度过高时，正电荷数量超过一定的比例，粒子间的斥力就会增大，影响大絮体的形成。

26. 分散剂的作用是什么？

答：分散剂是气化行业处理煤气化灰水的药剂统称，也称阻垢分散剂，具有能分散水中的难溶性无机盐，阻止或干扰难溶性无机盐在金属表面沉淀、结垢的功能。按照分散剂本身的组成主要可以分为以下几种类型：天然聚合物类、聚羧酸类、有机膦酸类、无机聚磷酸盐类和绿色环保类。其中除了有机膦酸类阻垢剂外，剩下的分散剂大多为聚合物，分子量从几百到上万不等。

分散机理：

① 络合增溶：如图2-5络合增溶示意图所示，在水中，分散剂能解离出氢离子，其本身变成带负电荷的阴离子，这些阴离子和水中游离的Ca^{2+}、Mg^{2+}形成稳定的络合物，这些络合物是水溶性的，络合作用下，降低了水中金属阳离子的数量，可析出碳酸钙和磷酸钙等晶体的过饱和度值变大。

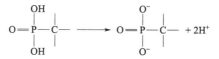

图2-5 络合增溶示意图

② 晶格畸变：正常情况下，带正电荷的Ca^{2+}与带负电荷的CO_3^{2-}之间相互碰撞产生晶格，按一定的方向生长增大，加入分散剂后，分散剂在溶液中分散开来，一些就会吸附在$CaCO_3$晶体上，与游离在晶体表面的Ca^{2+}结合在一起生成螯合物，抑制晶体向正常方向生长，晶体发生畸变（图2-6），且易于破裂，阻碍了沉积垢的生长；同时分散剂吸附在成垢微晶表面，会使微晶表面形成双电层，微晶之间的静电斥力可阻止微晶的相

互碰撞，避免了大晶体的形成，使这些成垢晶粒稳定地处于分散状态。

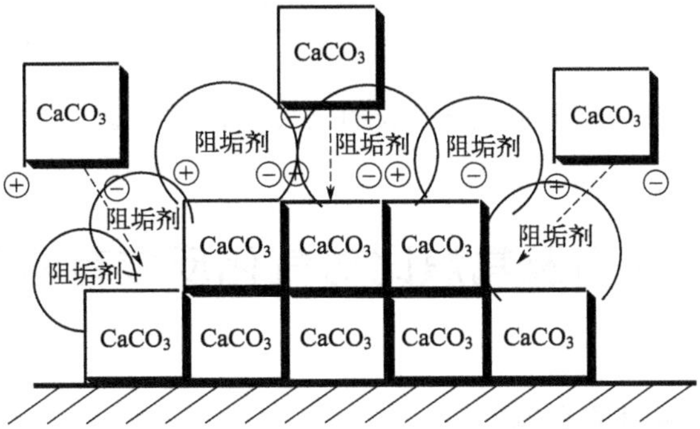

图 2-6　晶格畸变示意图

27. 入炉蒸汽的作用是什么？

答：在气化过程中加入的蒸汽在高温条件下与碳发生强吸热的水煤气反应，增加煤气中 H_2 和 CO 的含量，控制炉温不致过高，可降低氧耗；但当蒸汽/煤比过高时，将使炉温降低，阻碍 CO_2 的还原和蒸汽的分解反应，影响气化过程；通过烧嘴加入的高压蒸汽亦有增加氧气流速、拉长燃烧火焰长度、降低水冷壁热损的作用。

28. 气化炉炉渣如何辅助判断炉温？

答：炉渣形状与炉温的关系很难具体描述，只能根据采用的煤种从实际操作经验中获得。

① "针丝状"炉渣表明气化温度太高或加入助熔剂太多，导致渣的流动性过强。根据红外谱图分析，煤灰在 1300℃ 左右时灰渣中的主要成分有 Al_2O_3、SiO_2、CaO 等，主要组成有莫来石、钙长石、矸石等硅酸盐类物质。当气化炉温度偏高时，液态渣中以 SiO_2 为主体的熔融玻璃体在高速气流下被吹成丝状，经激冷水冷却后成为金亮（有的偏黄、有的偏

白）的针状和丝状。

② 渣结块，一般由于气化温度太低或加入助熔剂少，渣的流动性差而造成渣结块。

③ 湿渣中太多细渣时，一般表明气化温度太低。

29. 温度和压力及氧煤比对气化反应有何影响？

答：**（1）温度的影响**

高温能够大幅度提高气化反应速率，提高煤的反应活性，加快挥发分析出，降低热剩余产物的活性。但温度过高会使熔渣变为非牛顿流体，从而使渣层过薄，损害水冷壁，一般炉温较灰熔点高 50～100℃。

（2）压力的影响

由于气化炉内的反应总体趋向体积增大的方向，因此压力增大有利于提高反应物密度，但压力升高不利于挥发分的析出，并造成二次凝结使反应剩余产物活性降低。

（3）氧煤比的影响

氧煤比反映煤氧化反应的程度，一定程度代表着炉温，对气化过程存在着两方面的影响。一方面，氧煤比的增大使燃烧反应放热量增加，从而提高反应温度，促进 CO_2 还原和 H_2O 分解反应的进行，增加煤气中 CO 和 H_2 的含量，从而提高煤气热值和碳转化率；另一方面，燃烧反应由于氧量的增加，将生成 CO_2 和 H_2O，增加了煤气中的非有效成分含量。所以，为了获得理想的气化效果，必须选择合适的氧煤比。

30. 煤或煤焦的气化反应通常必须经过哪七步？

答：① 反应气体从气相扩散到固体表面（外扩散）。

② 反应气体通过颗粒的孔道进入小孔的内表面（内扩散）。

③ 反应气体分子吸附在固体表面上，形成中间络合物（吸附）。

④ 吸附的中间络合物之间或吸附的中间络合物和气相分子之间进行反应（表面反应）。

⑤ 吸附态的产物从固体表面脱附（脱附）。

⑥ 产物分子通过固体的内部孔道扩散出来（内扩散）。

⑦ 产物分子从颗粒表面扩散到气相中（外扩散）。

31. 什么叫表压力、绝对压力？它们之间有何关系？

答：表压力是指压力表指示出来的压力，它是高出大气压力的数值，不是压力的真正数值，表压力常用符号 P_g 表示。如果把大气压力计算在内，即以压力为 0Pa 作为压力起点的工质的实际压力则称为绝对压力，绝对压力常用符号 P_{ABS} 表示。

32. 煤的工业分析项目包括哪些？煤的元素分析通常有哪些？

答：煤的工业分析项目一般有煤的水分、灰分、挥发分、固定碳等。

煤的元素分析即化学分析，常规项目为对碳、氢、氧、氮、硫、氯的分析。

33. 如何保护气化炉水冷壁？

答：① 水冷壁被一层特殊的捣打料（SiC）所覆盖，这是为了防止高温合成气对水冷壁盘管的热冲击。

② 反应生成的熔渣将会在锚固钉的作用下形成一层固态渣，满足对水冷壁的保护，即"以渣抗渣"，如图 2-7 所示。

③ 水冷壁结构在反应室的底部被固定，在顶部的烧嘴支撑和底部下渣口处都有一定的空隙，这样的设计可以消除热应力的影响。

④ 水冷壁盘管中的冷却水的压力略高于反应室内的压力，这样可以避免因水冷壁损坏而造成合成气反窜入水系统。

⑤ 反应器外侧承压壁的温度一般低于 60℃。

⑥ 水冷壁与承压壁之间的间隙充满了干燥的合成气或高压氮气，这里的温度一般低于 200℃。

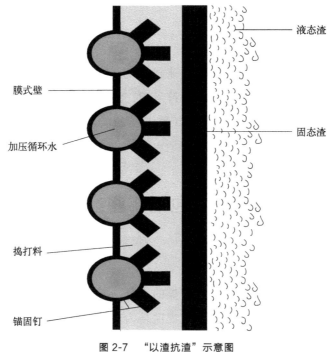

图 2-7 "以渣抗渣"示意图

34. 什么是煤粉修正系数?

答：气化炉氧流量的值通过四根煤粉量的加和配比得来，在保持气化炉其他运行指标正常的情况下，当煤粉量测量准确时 λ_{MB}❶ 可保持在正常范围之内。而当气化炉运行一段时间后，因煤粉管线速度计或密度计测量变化导致计算出来的单根煤粉量变化、总量变化时，对应的氧气流量也会变化。气化炉运行期间，煤粉管线速度计和密度计无法进行标定。但是，此时测量的煤粉量已经变化，实际进入气化炉的煤粉量未发生变化，为调节气化炉出口温度、甲烷含量等指标，操作人员会提高 λ_{MB} 的设定值，从而使计算出来的氧煤比保持一个虚高的值运行，这样运行的后果就是只要给料罐、气化炉压力有波动就会导致煤粉量和氧量波动，而氧煤比又在比较高的值运行，大幅度波动将会造成气化炉因为氧煤比高联锁跳车。为防止出现类似的情况，通过观察正常运行工况下煤粉量所对应的氧量，计算出吨煤所耗氧量约在 510m³/h（标准状况），将此定为标准值。当某一台运行炉的煤粉量偏低/偏高时，对其进行系数的修正，而氧气流量的测量十分准确，因此将氧气流量作为修正系数计算的一个基础值，公式如下：

$$\frac{F_{氧}}{T} \times X = 510 \mathrm{m}^3/\mathrm{h}$$

式中，T 为某台气化炉运行时的煤粉流量，m³/h；$F_{氧}$ 为某台气化炉运行时的氧气流量，m³/h；X 为煤粉流量修正系数。

35. 什么是平均煤粉流量控制？

答：对程序进行组态，得到 1min 内的煤粉总流量平均值 F_AVER。按主烧嘴氧气流量设定值的计算方法，用上述 1min 内平均煤粉总流量计算出相应的氧气流量设定值 SP_AVER。用 1min 内平均煤粉总流量对应的氧气流量设定值 SP_AVER 与原有的瞬时煤粉总流量对应的氧气流量

---

❶ 指氧煤比，具体含义为当前入炉煤气化所消耗的氧气与当前入炉煤完全燃烧消耗的氧气比值。

设定值 SP 进行比较，输出两者中的较小值。一般情况下，投煤阶段使用瞬时煤粉流量控制，便于及时控制氧气流量以及炉温；当投煤结束运行稳定时，采用平均煤粉流量控制，防止炉温因煤粉量波动而频繁波动，以保持系统稳定。

36. 黑水闪蒸的原理是什么？

答：闪蒸是利用气体在水中的溶解度随压力的降低而降低，再者压力越低，水的沸点也越低，利用此原理使黑水中的气体和水蒸气与杂质分离。黑水经过中压、低压和真空三级闪蒸，其中的蒸汽被闪蒸出来，同时溶解于黑水中的 H_2S、NH_3、HCN 等有害气体被闪蒸出来并被送往硫回收或酸性气火炬，黑水中的固体颗粒得到进一步的浓缩。

37. 氧气纯度和煤粉水分对气化反应有何影响？

答：（1）**氧气纯度的影响**

氧气纯度直接影响氧碳原子比，而氧碳原子比是入炉煤中的氧原子与入炉氧气中的氧原子数之和与入炉煤中的碳原子数之比。一般情况下，氧气纯度应大于 99.6%。

① 氧碳比对碳转化率的影响。实验得出结果，随着氧碳原子比的升高，碳转化率不断升高，但是当氧碳比接近 1.0 时碳的转化率最高，在此基础上再提高氧碳比时，碳的转化率基本保持不变。

② 氧碳比对冷煤气效率的影响。氧碳比对冷煤气效率的影响同样有一个峰值，如图 2-8 所示，此峰值在 1.0 左右，当氧碳比继续提高时，冷煤气效率反而会降低。

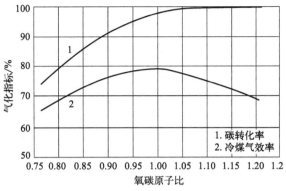

图 2-8 氧碳原子比与气化指标关系图

（2）煤粉水分的影响

煤粉中含水量高，大量的水分进入气化炉要消耗大量的汽化热，随着入炉煤中水分含量的增加，冷煤气效率降低，出气化炉的合成气中有效气体（$CO+H_2$）含量降低。一般情况下，煤粉中水分含量必须小于4%。

38. 合成气的主要质量指标有哪些？如何控制？

答：合成气的主要质量指标为有效气成分、含尘量、甲烷含量。

（1）合成气有效气成分的控制

合成气中的有效气成分主要与煤种、炉型及炉内的燃烧情况有直接关系。因此，在炉型选定的情况下，提高有效气成分含量的有效手段主要是考虑对煤种的选择，其次是考虑氮气与其他介质的替换，以减少氮气组分。有效气含量越高，下游产品的产量越高。

合成气的有效气成分是 CO 和 H_2，而煤气化反应是一个复杂的化学反应，其产物主要是 CO、CO_2、H_2、H_2O、N_2、COS、H_2S、CH_4 等，需要严格控制加入系统的辅助物料，减少系统额外补充组分，提高合成气的有效气成分含量。

① 主烧嘴正常运行后，及时将气化炉环隙吹扫氮气切换为高压 CO_2，烧嘴安装单元吹扫氮气切换为高压燃料气。

② 主烧嘴正常运行后，及时将高压煤粉输送系统的输送介质由高压氮气切换为二氧化碳，增加有效气含量。

③ 主烧嘴正常运行后，及时将点火烧嘴液化石油气（LPG）切换为高压燃料气，降低系统氮气含量。

（2）合成气中含尘量的控制

合成气中的含尘量过高，导致管线和设备堵塞、磨穿，变换装置系统压差增大，催化剂活性降低等。

严格控制激冷室液位，严格控制一级、二级文丘里洗涤水量及合成气洗涤塔各支路洗涤水量，通过各级洗涤，有效控制合成气中的含尘量 $<0.5\mathrm{mg/m^3}$。

（3）合成气中甲烷含量的控制

合成气中的甲烷含量控制是控制炉温的主要方法之一，甲烷含量越高，系统炉温越低。

合成气中的甲烷含量（体积分数）一般控制在（150～600）$\mu L/L$，其主要调节方法为：控制氧煤比，在热损正常的情况下，适当提高氧气量（在氧煤比的控制范围内），使甲烷含量在指标范围内。另外，甲烷含量的控制要与气化反应相结合，在控制水冷壁热损的同时，均衡控制。

39. 煤气化反应的机理是什么？

答：（1）反应热力学

气化单元是将煤粉在气化炉内的高温和加压环境下，与纯氧及过热蒸汽发生部分氧化反应，制备合成气。气化炉的反应在高温加压条件下发生多相反应，影响因素较多，其过程极为复杂，理论上一般认为存在如

表 2-1 所列反应。

表 2-1 煤气化反应方程式

反应类型	反应方程式
燃烧反应	$C+O_2 \longrightarrow CO_2$
	$H_2+1/2O_2 \longrightarrow H_2O$
	$C_nH_m+(n+m/4)O_2 \longrightarrow nCO_2+(m/2)H_2O$
部分氧化反应	$C+1/2O_2 \longrightarrow CO$
	$C_nH_m+(n/2+m/4)O_2 \longrightarrow nCO+(m/2)H_2O$
蒸汽重整反应	$CO+H_2O \longrightarrow CO_2+H_2$
	$C+H_2O \longrightarrow CO+H_2$
CO_2 还原反应	$C+CO_2 \longrightarrow 2CO$

气化炉内的反应相当复杂,既有气相间反应,又有固气双相间的反应。因此只需讨论两个独立反应即可:变换反应和甲烷化反应。

① 变换反应的化学平衡。$CO+H_2O \rightleftharpoons CO_2+H_2+Q$,从平衡上讲,变换反应为放热反应,降低温度对平衡有利。但在高温条件下反应速率高。

② 甲烷化反应的化学平衡。$CO+3H_2 \rightleftharpoons CH_4+H_2O+Q$,该反应为放热反应。提高温度,甲烷浓度减小,反应有利于向生成 CO 和 H_2 的方向进行。甲烷化反应是体积缩小的反应,提高压力,甲烷浓度也相应增加。而煤气化总的反应是体积增大的反应,从化学平衡来讲,提高压力对平衡不利。但压力的提高增加了反应物的浓度,可提高反应速率。

(2) 反应动力学

气化反应是气体与焦渣接触而发生的,它的反应历程包括:气体分子自气流向焦渣外壳、灰层扩散,到达未起反应的焦渣表面、内表面而发生气化反应,生成物由里向外扩散流出。

① 碳与氧的燃烧反应。碳与氧之间反应,可以生成 CO_2 和 CO,而 CO_2 或 CO 与碳反应又可相互转化,氧与 CO 反应也可生成 CO_2(氧压

高，温度低，生成 CO_2 的量就多)，无论是生成哪种物质的反应都是不可逆反应。因此随着温度的升高反应速度加快。氧与碳之间的反应是氧被吸附在碳上进行的。因此，反应速度与氧的覆盖有关。当温度升高，反应速度加快，氧的覆盖度就对反应速度起着决定作用。如果温度可再提高，表面反应速度就更快，决定的因素就是物质传递。此时煤的本身特性对燃烧速度不再产生影响。

② 碳与水蒸气之间的反应。碳与水蒸气之间的反应产物，除 CO 和 H_2 外，还有可能产生二次反应产物如 CO_2、CH_4 等。CO 的生成除主反应 $C+H_2O \Longrightarrow CO+H_2$ 外，在高温下由于 CO_2 与碳反应，也可能生成 CO。

③ 碳与 CO_2 的反应。碳与 CO_2 的反应由表面反应速度决定，是由 CO_2 吸附、生成络合物、发生热分解、解吸、生成 CO 几步组成。因此煤的特性与反应温度有关。煤中灰分组成与孔隙率对表观活化能也有影响。压力的提高会使 CO_2 的还原反应进行得更为剧烈。

④ 碳生成甲烷的反应。碳生成甲烷的过程分为两个阶段。首先是煤热解产物中的新生态碳与氢的快速甲烷化阶段，此阶段时间短但速度很快。热解时生成的碳所遭受的温度对反应活性有重大影响，当温度高于 815℃ 时就没有快速生成甲烷阶段。其次是同时进行的与蒸汽和碳之间的气化反应。可以认为这是高碳物质消失之后所进行的反应，其反应速度要慢得多。在气化炉内甲烷的生成是两个独立过程的总结果：一是煤的热解过程，二是煤的气化过程。

40. 干煤粉加压气化炉内流场如何分布？

答：炉内流动过程从流动特征上讲属受限对流反应过程，按流动过程可将炉内分为三个流动区域，即对流区、回流区和管流区，每个区域的流动特征各异。在对流区中物质流动速度快，不断地与回流区进行物质交换，烧嘴喷口附近回流区中的高温气体被大量地卷吸到对流区，而远离喷口区域却有大量流体离开对流区进入回流区，未离开部分流体则进入管流区。

（1）射流区反应及特征

进入射流区的介质有干煤粉和来自回流区的高温烟气，发生的过程是：干煤粉接受炉膛辐射热并与来自回流区的高温烟气迅速混合升温，水分蒸发，挥发分逐渐释放出来，在气化温度下 0.1s 左右，释放出的挥发分及来自回流区的 CO、H_2 等与 CO_2 相遇达到着火条件即发生燃烧，温度持续升高，煤中难以挥发的碳氢化合物也开始裂解，脱挥发分的过程结束后，形成的残碳呈多孔的疏松状，若此时氧未消耗完，则残碳将进行燃烧反应。由于此区中含大量水分及氧气等，在射流区中氧气消耗完之前的区域，以生成 CO_2 的完全燃烧反应为主（$C+O_2 \Longrightarrow CO_2$），定义为一次反应区，在氧气消耗完之后的区域，碳的各种转化反应速率相当，即过程进入气化反应阶段，此区域与管流区一并称为二次反应区。

（2）管流区反应及特征

进入管流区的介质为来自一次反应区的燃烧产物及 CH_4、残碳、水蒸气、惰性气体等，此区中进行的反应主要是碳的非均相气化反应、甲烷水蒸气转化反应、逆变换反应等，对比二次反应区的反应进行方向，研究结果表明反应温度在 1350℃ 下时，有下列特点：

① 反应 $CO_2+H_2 \Longrightarrow CO+H_2O$ 和反应 $CH_4 \Longrightarrow C+2H_2$ 尚未到达平衡时，反应将沿着生成 CO 和 H_2 的方向进行。

② 反应 $CO_2+H_2 \Longrightarrow CO+H_2O$ 沿着生成 CO 的方向进行，即逆变换反应，生成 CO 和 H_2O。

③ CH_4 转化反应 $CH_4+H_2O \Longrightarrow CO+3H_2$ 沿着生成 $CO+H_2$ 的方向进行。说明气化产品气中 CH_4 的存在是由于其与水蒸气转化反应进行得不够完全，而不是进行了甲烷化反应。不难发现，随着温度的升高，甲烷转化反应平衡常数升高，故有提高气化温度，导致出口气体中 CH_4 含量降低的情况。

（3）回流区反应及特征

回流区中的介质为在对流卷吸作用下来自对流区的燃烧产物残碳、水蒸气和少量氧气等，因而其反应包括一次反应和二次反应，此区为一次反应和二次反应共存区。

41. 如何选择适宜的煤气化技术？

答：评价煤气化工艺技术必须建立在其是否属于洁净煤气化技术的基础上。到目前为止，还没有开发出万能的煤气化炉型和技术，各种煤气化炉型和气化技术都有其特点、优点和不足之处，对于煤气化技术的选择，可从以下几点考虑。

① 首先应根据原料煤情况确定采用的煤气化方式，而不能先确定煤气化方式再选择合适的煤种。对于要采用的原料煤，要对其产地、煤炭品质、储量、产量、出厂价格、到厂价格、供应的稳定性等各方面因素把握清楚，对煤的物理、化学性质，主要包括碳含量、热值、热稳定性、黏结性、灰分含量等影响造气的各种因素，通过测试得出确定的数据。在对各种因素进行综合比较、分析后，才能确定采用何种气化技术能够产生最佳的综合效益。

② 根据煤气化后所产产品的不同，来确定采用何种炉型。不同的炉型气化生产的原料气的压力、气体成分均不同，适用于不同的工业领域。

③ 确定产品的生产规模和能力，不同煤气化技术对于所建装置的规模效益是不相同的，同时相应的装置投资、建设周期、对市场的适应性均有所不同。

④ 在选取造气方式时，应因地制宜，对所投资项目进行全面的综合分析，对项目的原料、技术、市场、环保等多方面因素进行全面了解，综合优化处理，才能避免或降低投资的风险，使企业获得最大的效益。

42. 一氧化碳变换反应的原理及影响因素是什么？

答：一氧化碳变换的原理是气体中的 CO 和 $H_2O(g)$ 在一定的压力和温度条件下，在催化剂的作用下使工艺气体中的 CO 和 $H_2O(g)$ 发生变换反应生成 H_2 和 CO_2。

$$CO+H_2O \longrightarrow H_2+CO_2+Q$$

通过上述反应，既能把 CO 转化为易于脱除的 CO_2，又可以产生等物质的量的氢气，而消耗的仅为廉价的蒸汽。

变换反应是等体积可逆放热反应，温度、压力、蒸汽添加量等都对反应有着不同程度的影响。

（1）温度的影响

温度降低，反应平衡常数增大，有利于变换反应向正方向进行。但工业生产中，降低反应温度必须综合考虑化学反应速度和催化剂的性能两个方面的因素。

反应温度还必须控制在催化剂的活性温度范围内。初期反应温度不但要高于催化剂起活温度，同时还必须考虑其高于工艺气露点温度 25℃ 以上，防止催化剂在露点温度下运行发生水合反应而失活；末期随着催化剂活性的衰退，要相应提高反应温度来加快反应速度以保证催化剂的活性。

（2）压力的影响

一氧化碳变换反应是等分子反应，因此，压力的高低对反应的平衡无影响。但加压变换有如下优点：压力越高，反应物密度越高，反应速度就越快，可加快反应速度和提高单位体积催化剂的生产能力，从而可采用较大空速提高生产强度。压力越高，设备尺寸越小。设备体积小，布置紧凑，投资越少，因此，压力的高低将由设备的投资、操作的经济性等因素来确定。

(3) 蒸汽添加量的影响

变换装置蒸汽的添加量一般以水/气（或汽/气）来表示，指水蒸气与原料气的物质的量之比。增加蒸汽用量可以使变换反应向生成二氧化碳的正方向进行，提高一氧化碳的变换率，加快反应速度，防止副反应发生。但蒸汽过量不但经济上不合理，且催化剂床层阻力增加，使一氧化碳停留时间变短，变换率下降，余热回收负荷加大。因此，要根据原料气成分、变换率、反应温度及催化剂活性等合理控制蒸汽添加量。

CHAPTER
03

第三章
生产准备与试车

生产准备指在工程建设过程中为试车和初期生产所做的准备工作，是基础建设的重要组成部分，它为试车创造必要的条件，进而为生产奠定基础。试车工作要遵循"单机试车要早，生产准备人员介入要早，吹扫、气密要严，联动试车要全，投料试车要稳，试车方案要优，试车成本要低"的总原则，做到安全稳妥，一次成功，同时明确试车组织机构的建立、试车计划、试车方案、试车准备及实施等方面的要求。本章通过问答形式介绍了生产准备与试车部分知识。

1. 什么是"三查四定"？

答："三查四定"是石油化工行业在项目建设中交工前经历的一个过程，"三查四定"是工程的质量保障，是确保联动试车、投料试车成功的有效手段，"三查四定"是业主和监理共同对施工单位完工前进行的验收。"三查四定"亦是装置长周期稳定运行的前提保证。

"三查四定"具体是指查设计漏项、查施工质量、查未完工项目，定流程、定措施、定责任人、定时间。

查设计漏项：结合现场实际情况对设计施工图纸进行最后一次审查，查看是否存在设计漏项，是否需要进行补充设计或改进设计。

查施工质量：首先查看工艺设备及管道安装是否与设计图纸一致，然后进行全方位的外观质量检查，对于施工质量的内在检查，要求查看安装材料和焊接材料的质量证明书、焊接工艺评定报告、管道焊口无损探伤检测报告、管道系统吹扫和试压报告。

查未完工项目：现场检查有无未完工的项目。

定流程：要制定详细、准确、可行的"三查四定"检查、整改及验收闭环流程，确保不漏项。

定措施：对检查出的问题定整改方案。

定责任人：确定问题的整改负责人。

定时间：确定具体的整改日期和时间。

2. 生产准备包含哪八个方面？

答：（1）组织准备

生产准备的组织机构设置应按新项目新机制的要求，设置试车和生产经营管理机构。

（2）人员准备

① 根据审批的定员，编制劳动力配备总计划和年度计划。

a. 人员类别、来源、素质要求。

b. 管理人员、技术人员、工人调配到岗时间。

② 人员培训。

a. 人员培训的组织与管理。

b. 人员培训方法与步骤，一般按基础知识学习、专业知识学习、对口装置和出国实习、单机试车、联动试车、计算机仿真培训、事故预案演练等阶段进行。

c. 培训单位的选择及时间安排。

d. 各级管理人员、技术人员、操作人员的培训。

e. 各培训阶段及各类人员培训的考试、考核。

f. 编制人员培训总网络计划及阶段计划。

（3）技术准备

① 国内外技术资料、图纸、操作手册的翻译编印。

② 编制工艺技术规程、岗位操作法与工艺卡片。

③ 编制各类综合性技术资料。

④ 编制各项规章制度。

⑤ 编制大机组试车和系统干燥、置换及三剂（催化剂、溶剂、吸附剂）装填等方案，并配合施工单位做好系统吹扫、气密性试验及化学清洗

方案。

⑥ 编制储运、公用工程、自备发电机组、热电站、锅炉、消防等试车方案。

⑦ 编制总体试车、单机试车、装置联动试车、投料试车、生产性能考核等方案。

⑧ 计算机仿真培训技术准备。

⑨ 各种试车方案的编制计划。

⑩ 技术准备总体网络计划。

⑪ 编写产品说明书，介绍产品质量、性能。

⑫ 编写操作记录、交接班日志、操作卡等。

（4）物资准备

① 主要原料、燃料及试车物料。

② 辅助材料、三剂、化学药品。

③ 润滑油（脂）。

④ 备品配件国内外订货计划，进口备品配件测绘、试制安排。

⑤ 了解装置三剂、化学药品、标准样气和润滑油（脂）国内配套情况。

⑥ 生产专用工器具、管道、管件、阀门等。

⑦ 安全卫生、消防、气防、救护器材、劳动保护用品用具等。

⑧ 公路、铁路运输车辆。

⑨ 生产记录、办公及生活用品。

⑩ 通信器材、包装器材。

⑪ 其他物资。

（5）资金准备

① 编制年度生产准备资金计划，列入工程建设项目计划中。

② 编制大机组试车、联动试车等阶段的费用计划，投料试车阶段的费用计划，从投料到最终试车的成本控制计划。

③ 编制各阶段的流动资金计划。

（6）营销准备

① 调查产品在市场上的需求使用情况，收集市场信息，研究销售策略。
② 建立营销体制及责任制。
③ 召开用户座谈会，宣传介绍企业产品质量、性能、使用方法。
④ 落实产品流向。

（7）外部条件准备

① 落实与外部供给的电力、水源等动力的联网及供给时间。
② 厂外道路、雨水与工业污水管道等工程的接通。
③ 外部电信与内部电信联网开通时间。
④ 铁路、中转站、物料互供管廊等工程衔接。
⑤ 劳动安全、消防、工业卫生、环境保护、锅炉、压力容器等的申报、审批、取证。
⑥ 落实依托社会的机、电、仪维护力量及公共服务设施。

（8）生产准备统筹网络计划

将生产准备八项内容及系统吹扫、气密性试验、干燥、置换、三剂填装、单机试车、联动试车、投料试车等方面，按年、季、月绘制出主要控制点，并纳入建设项目总体统筹控制计划中。

3. 管线吹扫与冲洗有哪些原则？

答：（1）吹扫原则

① 吹扫及清理必须在设备、管线安装完毕，强度试压完成以后进行。
② 先上游、后下游，先主管、后支管。管道未吹扫合格，吹扫气不得进入设备。

③ 吹扫前要检查管道支架、吊架是否牢固，必要时需加固。

④ 吹扫出的污染物不得随意排放。吹扫时，严格落实界区警戒隔离措施，排放口处需拉警戒线，排放口应结合现场实际情况通过临时管引至安全位置，同时对排放口进行必要的加固并根据要求设置消声设施。

⑤ 吹扫压力不得超过容器和管道的设计压力，一般要求在 0.6~0.8MPa，流速不小于 20m/s。

⑥ 应将吹扫管道上安装的所有仪表测量元器件（如流量计、孔板等）拆除，防止吹扫时流动的脏杂物将仪表元器件损坏。同时，还应对调节阀采取适当的保护措施（原则上，阀前吹扫合格后再通过调节阀吹扫下游管线；必要时，需拆除调节阀加临时短管连接）。

⑦ 吹扫蒸汽管线暖管时必须缓慢提升管道温度，使管道平缓地进行膨胀，防止突然升高管道温度造成局部应力过大破坏管道或出现水击现象，要求巡检人员在现场一定要做到勤疏水。现场实测管线温度升至 150℃后，各阀门大盖、法兰要进行热紧。吹扫时应按升温—降温—升温的顺序循环进行，并组织人员对管线焊口、弯头等用木锤进行敲击。

⑧ 氧气管道等清洁度要求较高的管线，必须按规定先进行化学清洗，吹扫时进行打靶试验。

⑨ 当吹扫的系统容积大、管线长、口径大，且不宜用水冲洗时，可采取"空气爆破法"进行吹扫。爆破吹扫时，向系统充注的气体压力不得超过 0.5MPa，并应采取相应的安全防护措施。

⑩ 管道复位时，应由施工单位会同使用单位共同检查，并按规定格式填写设备及管道吹扫记录。管道吹扫合格并复位后，不得再进行影响管内清洁的其他作业。

（2）冲洗原则

① 冲洗及清理必须在设备、管线安装完毕，强度试压完成以后进行，冲洗前要检查管道支架、吊架是否牢固，必要时需加固。

② 冲洗需遵循先上游、后下游；先主管、后支管的原则；装置中应遵循先高处、后低处的原则。

③ 管道未清洗干净前，不得进行设备清洗。

④ 冲洗压力不得超过容器和管道的设计压力,流速不小于1.5m/s。

⑤ 换热设备、机泵上水与回水管线冲洗时,4寸以上管道应在上水阀后、回水阀前接临时跨接线进行冲洗;4寸以下管线在上水与回水管线接近设备处脱开法兰,加挡板冲洗。

⑥ 流量计、调节阀和孔板拆除后更换为短接,止逆阀抽出阀芯,对DN400mm以上流量计和调节阀进行人工清洗。

⑦ 管道冲洗合格并复位后,不得再进行影响管内清洁的其他作业。

⑧ 冲洗需遵循高点排气、低点排凝的原则,排放出的水应引入地沟。

4. 什么是装置系统气密性试验?

答:气密性试验主要是检验容器、管道的各连接部位是否有泄漏现象,保证装置的安全稳定运行。有毒有害、腐蚀性、可燃易爆、窒息性介质或设计上不允许有微量泄漏的压力容器和管道,必须进行气密性试验。

(1) 气密性试验原则

① 气密性试验所用气体,应为干燥、清洁的空气、氮气或其他惰性气体。

② 进行气密性试验时,设备及管道应复位齐全,安全附件应安装齐全。

③ 试验时压力按规定逐步缓慢上升,达到规定试验压力后保压不少于30min,对所有焊缝和连接部位涂刷肥皂水进行检查,若无泄漏则合格;一个压力等级气密性试验合格后方可进行下一个压力等级气密性试验,直至升至系统操作压力。如有泄漏,消漏后重新进行气密性试验。

(2) 气密性评定标准

① 气密性试验时所有设备人孔、法兰和阀门,用肥皂水试漏时均应无气泡产生。

② 在系统各部位温度均匀无明显变化时，系统压力降不大于 0.05MPa/h 或泄漏量不大于 0.5％。

5. 煤制油项目投料试车的总体策略是什么？

答：投料试车总体策略分为两个阶段。第一阶段先开 100 万吨甲醇，系统调试公用工程和气化、净化等单系统生产试车的可靠性，为油品 A 线创造条件；再开油品 A 线，最后开油品 B 线，实行分阶段、分步骤试车。鉴于 100 万吨甲醇与油品 A 线关联性较大，为了降低大装置的试车风险和费用，在开油品 A 线时，将 100 万吨甲醇作为调节手段。第二阶段按照"两步开车"，即按甲醇线＋油品 A 线和油品 B 线考虑。

6. 试车进度分哪两个阶段？

答：试车进度主要以蒸汽管网吹扫、装置联动试车、投料试车等关键节点为主线，将试车进度分为两个阶段。

（1）第一阶段：预试车阶段

预试车的主要任务是在工程安装完成以后、化工投料试车之前，对化工装置进行管道系统和设备内部处理、电气和仪表调试、单机试车和联动试车，为化工投料试车做好准备。

预试车过程应根据工艺技术、设备设施、公用及辅助设施等情况，以及装置的规模、复杂程度进行，主要控制以下环节：

管道系统压力试验、管道系统泄漏性试验、水冲洗、蒸汽吹扫、化学清洗、空气吹扫、循环水系统预膜、系统置换、一般电动机器试车、泵试车、烘炉、煮炉、塔（器）内件的装填、催化剂与吸附剂的装填、仪表系统的调试、电气系统的调试、工程中间交接、联动试车。

（2）第二阶段：投料试车阶段

此阶段完成投料试车与试生产工作，并进行装置全面考核。在投料试车过程中要协调好公用工程、原料供给，要求试车高标准、高水平、安全稳妥、环境友好、一次成功。

7. 试车进度安排的原则是什么？

答：① 开工试车进度总体按照 100 万吨甲醇加油品 A 线开车及油品 B 线开车两个阶段安全有序开展，气化装置对应 A 线 14 台气化炉和 B 线 14 台气化炉两步分阶段进行试车。

② 开工进度的制定考虑经济性原则，统筹安排开工顺序和进度，使全装置开工试车的成本符合经济性原则。

③ 坚持"安全第一"的原则，安全环保设施与工艺装置同步试车，做到试车步步都有安全环保措施，事事都有安全环保检查。

④ 开工试车进度安排遵循先单试单校、后联试联校的原则，并且各阶段试车条件必须完全具备，总进度服从煤制油项目指挥部及气化装置试车领导小组统一部署。

⑤ 试车工作要遵循"单机试车要早，吹扫气密要严，联动试车要全，投料试车要稳，经济效益要好"的原则，做到安全稳妥，一次成功。

⑥ 遵循"先易后难，先公用工程和辅助工程后化工装置"的原则，在编制和执行项目工程进度计划时，提前安排公用工程和辅助设施的竣工和试车，为主装置试车创造条件，缩短打通全流程的时间。

8. 总体试车环境保护有哪些要求？

答：①"三废一噪"排放源严格按照项目指挥部相关环保管理规定执行，严禁乱排乱放。

② 坚决杜绝通过暗管、渗井、渗坑、灌注等途径排污，或者篡改、伪造监测数据，或者以不正常运行防治污染设施等逃避监管的方式违反法律法规排放污染物。

③ 不违规倾倒一般固体废物、危险固废，严格按照分类处理方式进行固体废物处理。

④ 发现污染物排放超标或者超过重点污染物排放总量控制指标的，按照相关要求执行停产、停排措施。

⑤ 较大、重大和特别重大突发环境事件发生后，按照相关要求执行停产、停排措施。

⑥ 严格按照国家相关法律、法规要求进行环保管理。

9. 什么是单机试车？

答：单机试车的主要任务是对现场安装的驱动装置空负荷运转，或单台机器、机组以水、空气等为介质进行负荷试车。通用机泵、搅拌机械、驱动装置及与其相关的电气、仪表、计算机等检测、控制、联锁、报警系统等，安装结束均要进行试运转（包括大机组空负荷试运转），主要检验设备制造、安装质量和设备性能是否符合规范和设计要求。

10. 什么是中间交接？

答：建设项目工程按设计文件内容施工结束，管道系统和设备的内部处理、电气和仪表调试及单机试车合格后，由单机试车转入联动试车前或按合同要求安装施工结束，施工单位或总承包单位向建设单位办理工程保管及使用责任移交的程序，即为中间交接。工程中间交接后，施工单位应继续对工程质量、竣工验收负责。

11. 联动试车方案包含哪些内容?

答：对规定范围内的机器、设备、管道、电气、自动控制系统等，在各自达到试车标准后，以水、空气等为介质进行模拟试运行，以检验其除受介质影响外的全部性能和制造、安装质量，验证系统的安全性和完整性等，并对参与试车的人员进行演练。电气系统的试车称为电气系统试运行。联动试车由项目部负责编制方案并组织实施，施工、设计等单位参加，方案应包括以下内容：

① 试车目的。
② 试车组织。
③ 试车应具备的条件。
④ 试车程序、进度网络图。
⑤ 主要工艺指标、分析指标、联锁值、报警值。
⑥ 开停车及正常操作要点，事故的处理措施。
⑦ 试车物料数量与质量要求。
⑧ 试车保运体系。

12. 联动试车应达到什么标准?

答：① 系统气密性试验、干燥、置换、三剂装填、烘炉、煮炉按设计要求已编制方案并组织实施。

② 系统干燥、置换已按试车方案进行，检测数据符合标准，经试车负责人审核验收后，做好保护工作。

③ 系统干燥介质一般为干燥的空气、氮气、脱水溶剂，气体露点、溶剂含水量等指标应符合工艺要求。

④ 系统置换应根据物料性质，采用相应置换介质。

⑤ 三剂装填应按照装填方案进行，由专人负责，装填完毕应组织检

查，经试车负责人签字后方可封闭。

⑥ 试车系统运行正常，试车方案中规定的联锁和自动控制系统皆需投入试运行，并达到设计要求。

⑦ 试车人员熟练掌握开停工、事故处理和装置操作技能。

13. 油品A线联动试车具备什么条件？

答：① 需开车的备煤1、2、3、4单元，气化（含黑水）1、2、3、4单元及变换1、2、3、4系列工程中间交接完毕。

② 公用工程已正常运行，并且已送入备煤1、2、3、4单元，气化（含黑水）1、2、3、4单元及变换1、2、3、4系列单系列第一道阀前。

③ 备煤1、2、3、4单元，气化（含黑水）1、2、3、4单元及变换1、2、3、4系列中设备位号与管道介质名称及流向标识完毕。

④ 甲醇线与油品A线同时开车所需各级人员已经确定，操作人员数量达到定员标准，经培训、考试合格并取得上岗证。

⑤ 安全责任制、岗位责任制等各类制度已建立并公布。

⑥ 甲醇线与油品A线试车工艺指标经生产部门批准并公布。

⑦ 备煤、气化（含黑水）、CO变换装置联锁值、报警值经生产部门批准并公布。

⑧ 试车方案及相关操作法、技术规程已完成培训并印发至个人。

⑨ 生产记录报表已印制齐全，发到岗位。

⑩ 甲醇线与油品A线试车组织机构已成立，并且已经明确各自的职责。

⑪ 机、电、仪装置设备等检修完毕验收移交，化验室已交付，可使用。

⑫ 通信系统联系畅通，试车用对讲机充足。

⑬ 劳动防护用品已配备并下发至个人。

⑭ 对试车过程中可能出现的风险已进行评估，并且已制定相应的应急预案。

⑮ 安全卫生、消防设施、气防器材，以及温感报警器、烟感报警器、有毒有害可燃气体报警器、工业电视监视器、防护设施已处于完好状态。

⑯ 岗位防尘、防毒、防射线监测点已确定，并完成监测部署。

⑰ 试车保运队伍已组成并到位。

⑱ 试车情况、现场注意事项及重点区域已告知现场各施工单位，施工单位已组织现场人员学习。

14. 投料试车方案包含哪些内容？

答：投料试车是指对工厂的全部生产装置按设计文件规定的介质打通生产流程，进行各装置之间首尾衔接的试运行，以检验其除经济指标外的全部性能，并生产出合格产品。投料试车方案应由项目部编制并组织实施，设计、施工单位参加，方案基本内容包括：

① 装置概况及试车目标。

② 试车组织与指挥机构。

③ 试车应具备的条件。

④ 试车程序与试车进度。

⑤ 试车负荷与原料、燃料平衡。

⑥ 试车水、电、汽、风、氮气平衡。

⑦ 工艺技术指标、联锁值、报警值。

⑧ 开停车与正常操作要点及事故处理措施。

⑨ 环保措施。

⑩ 安全、防火、防爆措施及注意事项。

⑪ 试车保运体系。

⑫ 试车难点及对策。

⑬ 试车存在的问题及解决办法。

⑭ 试车成本计划。

15. 全厂主要工艺装置有何关系？

答：① 动力站主要为全厂提供蒸汽，动力站的波动对全厂高压蒸汽的影响较大，如果发生动力站锅炉跳车造成高压蒸汽减少的情况，需优先减少发电机、空分装置及净化装置压缩机透平等蒸汽的消耗。

② 空分装置分为2个系列，分别为林德空分系列（1系列，6套）和杭氧空分系列（2系列，6套），两个系列之间互不影响，相互独立。空分装置跳车后，对动力站的影响较小，动力站首先通过调节空分装置界区蒸汽放空阀解决，之后通过增加发电机蒸汽量、调整锅炉负荷（调整产汽量）、调节空分装置蒸汽放空阀予以解决。空分装置为气化装置、净化硫回收装置和油品装置提供氧气，其中净化装置和油品装置氧气用量相对较小。两个系列的空分装置发生跳车后，首先要启动各自后备系统以维持氧气使用的平衡，气化装置首先要迅速降低氧气消耗，降低氧气管网压力下降的速度。如果两套空分系统后备氧气系统不能够正常启动，需要气化装置通过迅速停运部分气化炉来保证氧气管网压力稳定。

③ 气化装置为承前启后的装置，受外部如空分装置和净化装置的影响较大，其内部发生少量气化炉跳车后对外界影响较小。少量气化炉跳车后，空分装置打开氧气放空阀，以维持氧气管网压力稳定，之后变换装置和净化装置适当降低负荷就能保证全厂的动态平衡，同时对全厂的公用工程影响不大。

④ 气化装置变换单元1～6系列与气化装置气化单元1～6区（每区4台气化炉）一一对应。变换装置发生故障后，如变换问题较小时，通过将气化装置降低负荷放空来解决；长时间的变换装置问题则通过相对应的气化单元停车［气化7区（4台气化炉）合成气可进入任何一个系列变换装置］和变换装置相对应净化装置降低负荷（变换装置1～3系列对应净化装置3、4系列，变换装置4～6系列对应净化装置1、2系列）来解决。

⑤ 净化装置1、2系列之间为并列关系，净化装置3、4系列之间为并列关系，净化装置1、2系列之间可以相互调整负荷，净化装置3、4系

列之间可以相互调整负荷，净化装置1、2系列和净化装置3、4系列之间相互独立。净化装置其中一个系列发生停车后，主要影响气化装置和油品装置的负荷，对于油品合成装置而言，相对应的油品合成线负荷降为原负荷的50%左右，必要情况下可打开油品进料合成气联通线以维持油品装置低负荷运行而不停车；相对应的气化装置三套变换装置负荷分别降低为原负荷的50%，需将相对应气化装置降负荷或者停炉操作，此外因变换装置副产蒸汽减少，需关注全厂（2.2MPa、1.0MPa）压力下的蒸汽平衡。净化装置4台CO_2压缩机并联，当1台发生跳车后，为保证CO_2用气平衡需立即引入高压氮气作为载气使用（全厂高压氮气产量最大量满足4台气化炉高压氮气的使用量）。净化装置燃料气压缩机跳车后，需尽快启动备机以保证气化烧嘴用气，若备机无法启动需切换为液化石油气（LPG）供气化烧嘴使用，因LPG仅可供4台气化炉开车使用，或供25台气化炉点火烧嘴使用，因此LPG燃料气系统故障时需立即停运气化炉开车使用的燃料气，以保证气化炉点火烧嘴使用。

⑥ 全厂正常运行时，油品A线（4套费-托装置）和油品B线（4套费-托装置）两条油品加工线独立并列运行，油品A、B线有一条连通线。当油品前系统负荷波动较小时，对油品影响不大；当油品前系统波动较大时，发生丙烯压缩机及CO_2压缩机跳车时，则需要调整费-托合成气量调整A、B线的加工量。当油品合成装置波动较大时，净化装置之前系统需根据油品A、B线负荷而调整负荷，油品合成装置大范围停车会导致前系统停车；油品加工装置（加氢裂化和加氢精制）发生停车时，如不能在2~3天内恢复运行，会导致全厂性停车。

16. 气化装置联动试车前需要检查什么？

答：**(1) 装置检查**

① 装置区内清理干净，与开工无关的杂物、工具、脚手架、设备等全部清除。

② 装置 PID（工艺管道及仪表流程）图、施工图检查无漏项。

③ 装置实际工艺流程、设备和仪表、材料规格和型号符合设计要求。

④ 设备出厂质量验收及结论符合该设备的技术要求。

⑤ 确认对装置的设备、工艺、仪表、动力系统进行了全面、仔细、认真、有记录的检查，查出的问题整改完毕。

⑥ 按工艺流程详细检查管道、阀门、法兰、垫片的材质和安装质量是否合格，阀门是否灵活好用。

（2）工艺管线检查

① 阀门的盘根、压盖、大盖螺栓拧紧，法兰、垫片的规格、材质和安装符合要求，螺栓拧紧、扣满，阀门的类型和型号符合设计要求，配件齐全，阀门丝杆涂好黄油（氧气管线除外）。

② 阀门安装的位置合适，手轮的方向正确，阀门开关灵活。

③ 热力管线具备生产要求的热补偿结构。

④ 管线直径和管壁厚度符合设计要求。

⑤ 管线的支、吊、托设施安装和固定、润滑支撑件配置合理。

⑥ 管线的去向正确，没有挡道或容易伤害人身安全的布置。

⑦ 管线低点的排污阀、管线各吹扫头安装合适。

⑧ 管线外表面涂防腐涂料，涂料的颜色符合标准要求。

⑨ 管线上的盲板方向正确，安装合适。

⑩ 高温管线外保温完好，保温材料和保温效果符合设计要求。

⑪ 易堵塞管线的伴热情况良好，伴热管线的数量和伴热方式满足实际运行需求。

⑫ 管线上的温度计、压力表和采样阀已安装并校验合格，符合使用要求。

⑬ 管线上的单向阀和疏水器的方向正确。

⑭ 伴热管线伴热良好，无死角，自流液管线安装坡度符合要求。

（3）静设备检查

① 依据铭牌核对设备的壁厚、材质、设计压力、设计温度等符合设

计要求，焊缝外观良好。

② 设备进出法兰、人孔、手孔的垫片、螺栓、螺帽的材质、规格符合要求，安装质量良好。

③ 设备基础无下沉、裂缝，地脚螺栓无松动、变形、缺损。

④ 设备附件齐全好用，安全阀、压力表、温度计、液面计、放空阀、排污阀及连接件的配件齐全，安全阀的定压符合标准。

⑤ 设备的接地牢固，连接形式符合要求。

⑥ 设备外壁按规定进行了保温，保温厚度、材料符合要求。

⑦ 设备内部设施符合设计要求，无杂物及遗忘的工具。

⑧ 设备进行过水压试验，试验压力符合要求。

⑨ 换热器、废热锅炉、分离器的活动支座如有被水泥盖住，需能满足设备热胀冷缩的要求和减磨件安装。

⑩ 地下槽内部附件安装牢固，杂物清理干净，外部伴热管线固定牢固。

（4）动设备检查

① 基础无下沉、裂缝，地脚螺栓无松动、变形、缺损。

② 机泵铭牌指标满足生产要求，与设计提供的相符，电机技术参数配套。

③ 泵的进出口阀便于操作，开关灵活。

④ 通过盘车、点动、电机空运转、单机试运转等方式检查设备完好。电机接地，电机支座完好且转向正确。

⑤ 检查冷态校正时，管道法兰扭矩，泵进出法兰的平行度、同心度和径移值在允许偏差内，轴转动方向正确。

⑥ 检查泵的进口处过滤器，过滤器的过滤等级符合说明书要求。机械密封水管线安装正常，润滑油或润滑脂已加好。

⑦ 设备联锁已调试投用正常。

（5）仪表检查

① 调节阀安装方向正确，调节阀的气开、气关符合安全要求，调节

阀的开关灵活，全开全关时阀杆到位，编号与流程图一致。

② 现场压力、流量、温度测量位置正确，引线阀位置便于操作。

③ 现场压力表、温度表、流量计和玻璃板液位计安装位置满足工艺需要，操作人员更换方便，对照流程图无遗漏，指示仪表的量程合适。

④ 压力、流量、温度和液位变送器已校核。

⑤ 煤粉锁斗、给料容器射线料位计经过校核检验，符合使用要求。

⑥ 现场 CO 和可燃气体检测仪安装位置正确，校验合格。

⑦ 现场切断阀安装位置正确，开关灵活，仪表空气压力为零时阀门状态为全开或全关。

（6）操作站检查

① DCS（集散控制系统）操作站完好，键盘、鼠标、操作屏等完好，操作椅完好。

② DCS 流程图画面、总貌画面、点/组操作画面、趋势画面、报警画面等准确，操作报表、报警记录、操作信息记录、系统维护记录齐全。

③ 装置安全联锁调试合格，联锁内容符合工艺需要。

④ 装置开车程序调试合格，程序内容符合工艺需要。

⑤ 操作站按钮灵活好用，符合开车程序和安全联锁要求。

（7）安全和环保设施

① 消防蒸汽和消防水箱上的胶管齐全，消防栓完好。

② 各设备安全阀及安全排空管线的安装正确，放空管线加固，安全阀进行过定压，定压值符合设计要求，安全阀上游阀全开并加铅封。

③ 所有安全防护、检测设备诸如灭火器、CO 检测仪、可燃气体检测仪、洗眼器、风向标等按要求安装。

④ 装置平台和框架的爬梯和扶栏符合安全规定。

⑤ 装置区内所有电机采用防爆电机，灯光照明采用防爆灯。

⑥ 按设计要求配备便携式 CO 报警仪、空气呼吸器、防毒面罩。

⑦ 仪表配电箱按设计划定的防爆等级采用相应防爆措施。

⑧ 水系统：给排水系统管道、阀门、法兰、垫片安装质量合格，阀门灵活好用，下水井保持畅通，采样设施齐全。

⑨ 电系统：装置内各电动设备、电气线路绝缘良好，位置适当，电缆沟盖板盖好。

⑩ 蒸汽系统：管线施工完毕，符合工艺要求，满足生产需要，各阀门灵活好用，法兰、垫片安装质量良好，压力表等仪表安装齐全，各疏水器投用正常。

（8）介质隔离检查

① 气化单系列装置试车前，为防止水、气、汽、风等工艺介质互窜，要做好与不试车系列的隔离。

② 联动试车时，确认未试车的区域已按《气化炉开车系统隔离方案》进行隔离（各界区负责人负责确认，确认正常后方可投用），并根据实际隔离情况填写附件中的《隔离清单》。

③ 盲板管理应达到以下要求：所有盲板牌一律按编号挂，且挂在醒目的位置；盲板牌上注明此管道内的介质、温度、压力；盲板牌上写明拆开盲板可能造成的事故。

④ 在联动试车前，界区内阀门、盲板按《联动试车阀门确认表》和《联动试车盲板确认表》的要求进行确认。

⑤ 做好同区两台沉降槽的隔离，低压循环水泵1、低压循环水泵2与循环水罐和其他不试车气化炉的管线隔离，在启动任何一台公用机泵之前，确认所有出口用户手阀关闭，不试车气化炉的介质总阀处盲板倒盲。

17. 投料试车应具备什么条件？

答：投料试车必须高标准、严要求，按照批准的试车方案和程序进行，在投料前严格检查和确认投料试车应具备的条件。投料试车应具备以下条件：

(1) 试车方案备案手续完善

按照国家法律、法规的要求,及时完成向政府安全生产监督部门办理试车方案备案的手续。

(2) 工程中间交接完成

① 工程质量初评合格。
② "三查四定"的问题整改消缺完毕,遗留尾项已处理完。
③ 影响投料的设计变更项目已施工完。
④ 工程已办理中间交接手续。
⑤ 装置区施工用临时设施已全部拆除;现场清洁,无杂物、无障碍。
⑥ 设备位号和管道介质名称、流向标识齐全。
⑦ 系统吹扫、清洗、气密性试验完成。

(3) 联动试车已完成

① 干燥装置、置换装置、三剂装填、计算机、仪表联校等已完成并经确认。
② 设备处于完好备用状态。
③ 在线分析仪表、仪器经调试具备使用条件,工业空调已投用。
④ 仪表、计算机的检测、控制、联锁、报警系统调校完毕,防雷防静电设施可靠。
⑤ 现场消防、气防器材及岗位工器具已配齐。
⑥ 联动试车暴露出的问题已经整改完毕。

(4) 人员培训已完成

① 国内外同类装置培训、实习已结束。
② 已进行岗位练兵、模拟开车练兵、反事故练兵,熟练掌握"四懂三会"(懂原理、懂性能、懂结构、懂用途;会使用、会维护、会排除故障)的内容和方法,具备"六种能力"(思维能力,操作、作

业能力，协调组织能力，反事故能力，自我保护救护能力，自我约束能力）。

③ 各岗位人员经考试合格，已取得上岗证。

④ 已汇编国内外同类装置事故案例并组织学习，对同类装置试车以来的事故和事故苗头本着"四不放过"（事故原因未查清不放过、责任人员未处理不放过、整改措施未落实不放过、有关人员未受到教育不放过）的原则已进行分析总结，吸取教训。

（5）各项生产管理制度已落实

① 岗位分工明确，班组生产作业制度已建立。
② 各级试车指挥系统已落实，干部已值班上岗并建立例会制度。
③ 各级生产调度制度已建立。
④ 岗位责任、巡回检查、交接班等十项制度已建立。
⑤ 已做到各种指令、信息传达文字化，原始记录数据表格化。

（6）人员考核合格

经批准的投料试车方案已组织有关生产人员学习并考核合格。

① 工艺技术规程、安全技术规程、岗位操作法等均已人手一册，投料试车方案主操以上人员已人手一册。
② 每一试车步骤都有书面方案，从指挥到操作人员均已掌握。
③ 已实现"看板"或"上墙"管理。
④ 已进行试车方案交底、学习、讨论。
⑤ 事故处理方案已经制定并已经过落实。

（7）保运工作已落实

① 保运的范围、责任已划分。
② 保运队伍已组成。
③ 保运人员已经佩戴标志上岗。
④ 保运装备、工器具已落实。

⑤ 保运值班地点已落实并挂牌，实行 24 小时值班。

⑥ 保运后备人员已落实。

⑦ 物资供应服务到现场，实行 24 小时值班。

⑧ 机、电、仪维修人员已上岗。

⑨ 依托社会的机、电、仪维修力量已签订合同。

（8）供排水系统已正常运行

① 水网压力、流量、水质符合工艺要求，供水稳定。

② 循环水系统预膜经检验已合格、运行稳定。

③ 化学水、消防水、冷凝水、排水系统均已投用，运行可靠。

（9）供电系统已平稳运行

① 已实现双电源、双回路供电。

② 仪表电源稳定运行。

③ 保安电源已落实，事故发电机处于良好备用状态。

④ 电力调度人员已上岗值班。

⑤ 供电线路维护已经落实，人员开始倒班巡线。

（10）蒸汽系统已平稳供给

① 蒸汽系统已按压力等级正常运行，参数稳定。

② 蒸汽系统无跑、冒、滴、漏现象，保温良好。

（11）供氮、供风系统已运行正常

① 工厂风、仪表风、氮气系统运行正常。

② 各系统压力、流量、露点等参数合格。

（12）化工原材料、润滑油（脂）已齐备

① 化工原材料、润滑油（脂）已全部到货并检验合格。

② "三剂"装填完毕。

③ 润滑油三级过滤制度已落实，设备润滑点已明确。

（13）备品配件齐全

① 备品配件可满足试车需要，已上架，账物相符。

② 库房已建立 24 小时值班制度，保管员熟悉库内物资规格、数量、存放地点，出库及时准确。

（14）通信联络系统运行可靠

① 指挥系统电话畅通。

② 岗位、直通电话已开通好用。

③ 调度、火警、急救电话可靠好用。

④ 无线电话、呼叫系统通话清晰。

（15）物料贮存系统已处良好待用状态

① 原料、燃料、中间产品、产品贮罐均已吹扫、试压、气密性试验、标定、干燥、氮封完成。

② 机泵、管线联动试车已结束，处于良好待用状态。

③ 贮罐防静电、防雷设施完好。

④ 贮罐的呼吸阀、安全阀已调试合格。

⑤ 贮罐位号、管线介质名称与流向标示完成，罐区防火有明显标志。

（16）运销系统已处于良好待用状态

① 铁路、公路及管道输送系统已建成投用。

② 原料、燃料、中间产品、产品交接的质量、数量、方式、制度等已经落实。

③ 不合格品处理手段已落实。

④ 产品包装设施已用实物料试车，包装材料齐全。

⑤ 产品销售和运输手段已落实。

⑥ 产品出厂检验、装车、运输已落实。

（17）安全、消防、急救系统已完善

① 风险评估完毕，并制定相应的安全措施和事故预案。

② 安全生产管理制度、规程、台账齐全，安全管理体系已完整建立，人员经安全教育后持证上岗。

③ 动火制度、禁烟制度、车辆管理制度已建立并公布。

④ 道路通行标志、防辐射标志齐全。

⑤ 消防巡检制度、消防车现场管理制度已制定，消防作战方案已落实，消防道路已畅通，并进行过消防演习。

⑥ 岗位消防器材、护具已备齐，人人会用。

⑦ 气体防护、救护措施已落实，制定气防预案并演练。

⑧ 现场人员劳保用品穿戴符合要求，职工急救常识已经普及。

⑨ 生产装置、罐区的消防泡沫站、汽幕、水幕、喷淋以及烟火报警器、可燃气体和有毒气体监测器已投用，完好率达到100%。

⑩ 安全阀试压、调校、定压、铅封已完成。

⑪ 锅炉、压力容器、压力管道、吊车、电梯已经质量技术监督部门在投料试车前完成取证工作。

⑫ 盲板管理已有专人负责，进行动态管理，设有台账，现场挂牌。

⑬ 现场急救站已建立，并备有救护车等，实行24小时值班。

（18）生产调度系统已正常运行

① 调度体系已建立，各专业调度人员已配齐并考核上岗。

② 试车调度工作的正常秩序已形成，调度例会制度已建立。

③ 调度人员熟悉各种物料输送方案，厂际、装置间物料关系明确且管线已开通。

④ 试车期间的原料、燃料、产品、副产品及动力平衡等均已纳入调度系统的正常管理之中。

(19) 环保工作达到"三同时"

① "三废"预处理设施已建成投用。

② 环境监测所需的仪器、化学药品已备齐,分析规程及报表已准备完成。

③ 环保管理制度、各装置环保控制指标、采样点及分析频率等经批准且公布执行。

(20) 化验分析准备工作已就绪

① 分析化验中心已建立正常分析检验制度。

② 化验分析项目、频率、方法已确定,仪器调试完成,试剂已备齐,分析人员已持证上岗。

③ 采样点已确定,采样器具、采样责任已落实。

④ 模拟采样、模拟分析已进行。

(21) 现场保卫已落实

① 现场保卫的组织、人员、交通工具等已落实。

② 入厂制度、控制室等要害部门保卫制度已制定。

③ 与地方联防的措施已落实并发布公告。

(22) 生活后勤服务已落实

① 职工通勤车满足试车倒班和节假日加班需求。

② 食堂实行24小时值班,并做到送餐到现场。

③ 倒班宿舍管理已正常化。

④ 清洁卫生责任制已落实。

(23) 开车队人员和国内外专家已到现场

① 开车队和国内外专家已按计划到齐。

② 开车队人员和国内外专家的办公地点、交通、食宿等已安排就绪。

③ 投料试车方案已得到国内外专家的审核确定，开车队人员的合理建议已充分采纳。

18. 氧气管道为什么不能残存铁锈、铁块、焊瘤、油垢等杂物？

答：当管道内残存铁锈、铁块等杂物时，在输送氧气过程中被高速气流席卷带走，造成颗粒与颗粒之间、颗粒与管道之间、颗粒与氧气之间的摩擦和碰撞，碰撞所做的机械功会转换为热能。由于颗粒被热导率很小的氧气所包围，所以存在着蓄热能。铁粉在常压下着火温度为300~400℃，高压时着火温度更低。当这种蓄热达到该工况下可燃杂物的着火温度时，就会在管道内发生燃烧，进而烧损氧气管道，造成更大的事故。

19. 什么是DCS、SIS、ESD、PLC、GDS？

答：① DCS是集散控制系统的简称，也可直译为"分散控制系统"或"分布式计算机控制系统"。它采用控制分散、操作和管理集中的基本设计思想，采用多层分级、合作自治的结构形式。其主要特征是集中管理和分散控制。DCS是一种综合控制系统，必须具有丰富的控制系统和检测系统画面显示功能。此外，根据需要还可显示各类变量目录画面、操作指导画面、故障诊断画面、工程师维护画面和系统组态画面。

② SIS是安全仪表系统的简称，属于企业生产过程自动化范畴，用于保障安全生产的一套系统，安全等级高于DCS的自动化控制系统，当自动化生产系统出现异常时，SIS会进行干预，降低事故发生的可能性。

③ ESD是紧急停车装置系统的简称。ESD系统按照安全独立原则要求，独立于DCS，其安全级别高于DCS。在正常情况下，ESD系统是处于静态的，不需要人为干预。作为安全保护系统，位于生产过程控制之

上，可实时在线监测装置的安全性。只有当生产装置出现紧急情况时，不需要经过 DCS，而直接由 ESD 发出保护联锁信号，对现场设备进行安全保护，避免危险扩散造成巨大损失。

④ PLC 是可编程逻辑控制器的简称，是专为工业生产设计的一种数字运算操作的电子装置，它采用一类可编程的存储器，用于其内部存储程序，执行逻辑运算、顺序控制、定时、计数与算术操作等面向用户的指令，并通过数字或模拟式输入/输出控制各种类型的机械或生产过程。

⑤ GDS 是可燃气体和有毒气体检测报警系统的简称，是英文 gas detection system 的缩写。在企业生产、储运过程中，经常会涉及各类可燃、有毒气体。GDS 的功能就是实时监测各泄漏源状况，当出现泄漏危险时主动提醒，以达到消除隐患保证安全生产的作用。

20. 如何进行联锁调试？

答：（1）调试前确认

现场确认与联锁、顺控调试相关的阀门关闭，并上锁挂签，隔断能量，防止调试时系统已投用的介质互窜，使人员和设备受到伤害。

（2）调试操作顺序

① 检查调试准备条件。
② 联系仪表调试人员启动相应软件，调出联锁画面。
③ 中控、现场人员已到达指定位置，且现场阀门已按阀门确认表进行确认、签字，返回至中控。
④ 中控调试人员联系仪表调试人员将参数渐进式调整至接近联锁值，测试联锁动作，对输入和输出加以记录，确认现场与中控阀门的开关一致，阀门的开关到位，中控阀门的反馈正常。
⑤ 最终检查各信号及动作状态。

(3)程序控制和联锁系统的调试

① 系统内的报警给定器整定值和试验值应符合设计或运行要求。

② 系统内的仪表、电气设备的整定值和试验值应符合设计或运行要求。

③ 在信号输入端送入模拟信号,对程序控制系统进行开环调试,系统的步序、逻辑关系、动作时间以及输出状态均应符合设计要求。

④ 联锁系统应进行开环调试及整套联动调试两个试验,动作应准确可靠。

⑤ 系统试验中,工艺、仪表、电气等相关专业密切配合,共同确认联锁保护及功能的正确性,并对试验过程中相关设备和装置的运行采取必要的安全防护措施。

⑥ 对整个逻辑回路所包含的现场输入点,采用模拟现场条件的办法,每次只选择一个能直接影响控制输出点状态的输入点进行测试,短接或断开回路中其他相关现场输入点,分别使测试点短接或断开,来检验输出点的动作是否满足设计的联锁功能。然后对能影响这一输出点状态的所有输入点逐一进行检查,以检验整个逻辑回路要求的机械设备和阀门开停(启闭)动作信号、声光信号、动作时间等是否符合设计要求,试验完毕恢复接线。

⑦ 对逻辑中所有联锁条件采用模拟现场条件的办法,使其全部满足联锁条件,查看联锁能否触发"零触发",如果未触发联锁则不满足设计要求;对逻辑中所有联锁条件采用模拟现场条件的办法,使其全部满足联锁条件,然后逐个联锁条件触发查看联锁能否触发"零触发",如果未触发联锁则不满足设计要求。

21. 如何进行顺控调试?

答:(1)调试前确认

现场确认与联锁、顺控调试相关的阀门关闭,并上锁挂签,隔断能量,防止调试时系统已投用的介质互窜,使人员和设备受到伤害。

(2)调试操作顺序

① 调试准备条件检查。

② 联系仪表调试人员启动相应软件,调出顺控画面。

③ 中控、现场人员已到达指定位置,且现场阀门已按阀门确认表进行确认、签字,返回至中控。

④ 中控调试人员联系仪表调试人员输入第一步的逻辑条件,测试第一步的顺控输出。

⑤ 继续测试下面的第二步至第 N 步,记录每一步的顺控条件和顺控输出信息。

⑥ 确认现场与中控阀门的开关一致,开关顺序及时间正确,阀门的开关到位,中控阀门的反馈正常。

⑦ 最终检查各信号及动作状态。

(3)顺控系统的调试

① 输入相应的顺控启动信号和第一步的触发条件,注意区分模拟量和数字量,对于模拟量输入,应采用信号发生器给出相应的数值;对于数字量输入,要注意干、湿节点的不同信号输入方法。记录下相应的输入值和输出值,并与设计要求相比较判断是否满足要求。

② 与第一步相仿,顺序测试下面的第二步至第 N 步,直到顺控逻辑完成一个顺控,回到起始步,按顺序记录下每步的输入值和输出值,并与设计要求进行比较。

22. 工艺技术管理包含哪些方面?

答:工艺技术管理是科学地计划、组织和控制各项工艺工作的全过程,是企业生产管理工作的基础。加强工艺技术管理,严肃工艺纪律,提高产品质量，降低消耗，确保装置安全稳定长周期运行，最大限度地发挥生产潜力，取得最大经济效益，是企业生产管理的核心内容。

工艺技术管理工作主要包括全厂系统管理、基础管理、专业管理、界面管理、质量管理。

全厂系统管理主要包括全厂工艺联锁、全厂报警系统、全厂数据库、全厂跨界管线、全厂地管系统、全厂目视化、物料平衡、蒸汽平衡、水平衡、能量平衡等的管理。

基础管理主要包括工艺技术规程、岗位操作法、开停工方案、工艺卡片、盲板、操作票、装置运行记录、工艺纪律、日清制度、工艺技术台账、技术资料和技术报表等的管理。

专业管理主要包括达标、节能降耗、环境保护、"三剂"使用、新技术应用、新工艺开发、新材料开发、新产品开发、技术标定、标准制定、技术攻关与优化、科技创新、工业化试验、更新改造等方面的管理。

界面管理主要包括厂属各装置等的管理。

质量管理主要包括产品质量、检验质量、原材料质量等的管理。

23. 岗位操作法和工艺技术规程的编制有哪些基本要求？

答：① 岗位操作法与工艺技术规程必须以设计和生产实践为依据，确保技术指标、技术要求、操作方法的科学、合理。

② 岗位操作法与工艺技术规程必须总结长期生产实践的操作经验，保证同一操作的统一性，成为人人严格遵守的操作行为指南，有利于生产安全。

③ 岗位操作法必须保证操作步骤的完整、细致、准确以及量化，有利于装置和设备的可靠运行。

④ 岗位操作法必须在满足安全环保要求的前提下，将优化操作、节能降耗、降低损耗、提高产品质量有机地结合起来，有利于提高装置生产效率。

⑤ 岗位操作法必须明确岗位操作人员的职责，做到分工明确、衔接紧密。

⑥ 岗位操作法与工艺技术规程由生产车间编写，经厂专业管理科室、厂分管领导、公司专业管理部门会审，公司总工程师审核、批准后，由生产管理科发布实施。

⑦ 新建、改建、扩建装置投产前须编制岗位操作法，并发至岗位操作人员。

24. 什么是工艺卡片？如何编制？

答：工艺卡片是满足安全生产、工艺要求的重要保障措施，生产单位在组织生产过程中要严格执行工艺卡片，不得随意更改。

工艺卡片制定依据：

① 装置设计的基础数据。

② 经优化、技改后确定的项目和指标。

③ 经生产实践总结出合理运行的项目和指标。

④ 装置长周期运行的限制条件。

⑤ 产品质量、设备、安全环保等专业确定的技术要求。

工艺卡片的内容包括：装置名称、工艺卡片编号、原料及化工原材料质量指标、装置关键工艺参数指标、设备运行指标、动力工艺指标、装置成品及半成品质量指标、环保监控指标、主要技术经济指标及各种消耗指标，控制部门、主管领导及部门签字、执行日期等。

工艺卡片应每年修订一次，修订的工艺卡片在未审批执行前，原工艺卡片有效。临时工艺卡片的技术参数运行一年后应纳入正式工艺卡片或相关技术文件中。

装置在采用新工艺、新技术、新材料或在试生产等情况时，需制定临时工艺卡片，临时工艺卡片按照相应分级进行审批。

CHAPTER 04

第四章
生产操作与维护

煤气化反应流程十分复杂，主要控制点为煤质、水质以及系统水平衡。煤质和水质影响因素多，控制复杂，影响系统结垢速率。系统水平衡是操作核心，是气化装置长周期稳定运行的关键。当然，装置的安全、高效、清洁运行需要所有控制点的正常运行，耦合关联调控，这就需要对装置进行稳定操作和精心维护。本章通过问答形式介绍了部分生产操作和维护相关知识。

1. 煤粉偏差如何计算？

答：煤粉给料罐内煤粉通过四根煤粉管线在压差作用下将煤粉送入气化炉进行气化反应。理论上，四根煤粉管线的煤粉流量一致，但实际上由于煤粉流化效果、煤粉角阀、密度计、速度计等的影响，四根煤粉管线的煤粉流量存在一定偏差，此偏差一般控制在10%以下，若太高，会造成煤粉在气化炉烧嘴内偏流，进而造成偏烧损坏水冷壁。

$$F_{平均} = \frac{[(F_1+F_2+F_3+F_4)-(F_{最大}+F_{最小})]}{2}$$

$$FD_1 = \frac{(|F_1-F_{平均}|)}{F_{平均}}$$

式中，$F_{平均}$ 为四根煤粉管线煤粉流量的平均值；F_1、F_2、F_3 和 F_4 分别为第一根、第二根、第三根、第四根煤粉管线煤粉流量；$F_{最大}$ 为四根煤粉管线煤粉流量中最大的一个煤粉流量；$F_{最小}$ 为四根煤粉管线煤粉流量中最小的一个煤粉流量；FD_1、FD_2、FD_3、FD_4 分别为第一根、第二根、第三根、第四根煤粉管线煤粉流量偏差。

2. 水冷壁总热损如何计算？

答：水冷壁总热损 U＝（水冷壁循环冷却水总流量×水冷壁循环冷却水进出口温差×0.004475）÷4.2。其中，总热损代表水冷壁循环冷却水吸收反应室内的热量。

3. 点火烧嘴氧煤比如何计算？

答：点火烧嘴氧煤比通过进入的点火氧量和燃料气计算得出，实际为进入气化炉点火烧嘴的氧气与点火烧嘴使用的燃料完全燃烧消耗氧气的比值。

$$\lambda_{PB} = FT_{01} \div (FT_{03} \times 1.623 \div 0.996 + FT_{04} \times 0.4975 \div 0.996)$$

式中，FT_{03} 为气化炉点火烧嘴使用的 LPG 流量；FT_{04} 为气化炉点火烧嘴使用的 FG 流量；FT_{01} 为气化炉点火烧嘴使用的氧气流量。

4. 主烧嘴氧煤比如何计算？

答：四根煤粉管线上各设置两组密度计和速度计，第一组密度计和速度计控制煤粉流量和氧量，第二组密度计和速度计参与联锁控制。SIS 主烧嘴氧煤比通过第一个煤粉流量计算出的氧量和第二个煤粉流量计算得出，DCS 主烧嘴氧煤比通过第一个煤粉流量计算出的氧量和第一个煤粉流量计算得出。氧煤比实际为进入气化炉的氧气（点火烧嘴和主烧嘴氧气）与燃料（煤粉和点火烧嘴使用的燃料）完全燃烧消耗的氧气的比值。

$$FY_{01} = FT_{03} \times 1.623 \div 0.996 + FT_{04} \times 0.4975 \div 0.996,$$
$$FY_{02} = ST_{01} \times DT_{01} \times 煤粉修订系数 \times 9.83 + ST_{02} \times DT_{02}$$
$$\times 煤粉修订系数 \times 9.83 + ST_{03} \times DT_{03} \times 煤粉修订系数$$
$$\times 9.83 + ST_{04} \times DT_{04} \times 煤粉修订系数 \times 9.83,$$
$$主烧嘴氧煤比 \lambda_{MB} = (FT_{01} + FT_{02}) \div (FY_{01} + FT_{05} \times 1.623 \div 0.996 + FY_{02} \times 1.314 \div 0.996)$$

式中，FY_{01} 为点火烧嘴使用燃料气完全燃烧消耗的氧量；FY_{02} 为四根煤粉管线煤粉流量之和；FT_{03} 为气化炉点火烧嘴使用的 LPG 流量；FT_{04} 为气化炉点火烧嘴使用的 FG 流量；FT_{01} 为气化炉点火烧嘴使用的氧气流量；FT_{02} 为气化炉主烧嘴使用的氧气流量；FT_{05} 为气化炉主烧嘴在投煤阶段使用的开车气（LPG）流量；ST_{01}、ST_{02}、ST_{03}、ST_{04} 分别为第一根、第二根、第三根、第四根煤粉管线煤粉速度；DT_{01}、DT_{02}、DT_{03}、DT_{04} 分别为第一根、第二根、第三根、第四根煤粉管线煤粉密度。

5. 如何判断气化炉炉温是否合适？

答：① 正常工况下，气化炉氧煤比（设定当前氧量/当前煤粉流量完全燃烧耗氧量）在 0.400～0.420，水冷壁循环冷却水进出温差在 7～10℃，气化炉出口合成气温度在 218～222℃，合成气组分中甲烷含量在 0.025%～0.040%，二氧化碳含量在 8.0%～11.0%，$CO+H_2$ 含量在 88%～90%，当上述参数在控制范围内，此时气化炉炉温适当，有效气产率最高，其碳转化率和冷煤气效率高。

② 当水冷壁循环冷却水进出温差、气化炉出口合成气温度、二氧化碳含量超过高限，甲烷含量超过低限，表明炉温偏高，反之，炉温偏低。

6. 煤粉流量计如何校准？

答：① 向低压煤粉仓加入一定量的煤粉，并记录其质量。

② 分别在 1MPa、2.5MPa、3.5MPa、4.5MPa 的压力下将煤粉通过锁斗排入给料罐并记录下低压粉仓的质量。

③ 在不同压力下，通过控制煤粉调节阀流量将给料罐的煤粉循环至低压粉仓，并记录低压粉仓的质量以及返料时间。

④ 将煤粉流量计的测量数据与根据煤粉质量和返料时间计算出的平

均值进行比较，得到校正参数。

⑤ 在不同压力下校正煤粉流量计的准确性。

7. 非计划停车指什么？

答：指除正常安排装置停车检修（或待料）外，由于各种主、客观原因造成中断进料24h以上的装置停车，分为一般性非计划停车和特殊性非计划停车。

8. 一般性非计划停车指什么？

答：指由误操作、外电网波动（停电）、原材料供应不足等简单原因导致的，且各生产单位能自行恢复生产的非计划停车。

9. 特殊性非计划停车指什么？

答：指发生原因较复杂，恢复技术难度大，各厂（中心）暂不能自行解决，需公司各主管部门协调、配合的非计划停车。

10. 高压FG在气化装置中的用途？

答：① 主烧嘴稳定运行时，FG（燃料气）作为废气被再利用将点火烧嘴燃烧用的LPG切换出来，节约成本。

② 用作烧嘴安装单元的吹扫气，切除高压氮气，避免合成气中氮气含量过高。

11. 粗合成气洗涤系统的工艺目的？

答：合成气洗涤采用两级文丘里洗涤器的洗涤流程，将来自气化炉中被水激冷和饱和的粗合成气在本单元进一步用水洗涤除尘，洗涤后的合成气作为产品送往变换装置。

12. 煤粉给料线打循环时为什么要建立背压？

答：在主烧嘴运行时，煤粉给料罐与气化炉压差在 0.6MPa，在煤粉给料线打循环时，煤粉仓的压力为微正压，与煤粉给料罐之间的压差太大，对煤粉给料线角阀的磨损大，因此建立背压模拟气化炉压力进行煤粉循环，能降低阀门磨损的同时，更能准确判断角阀开度、密度和速度是否正常。

13. 气化炉组合烧嘴由哪 6 个同心圆筒组成？

答：气化炉组合烧嘴由 6 个同心圆筒组成，由中心向外的环隙依次为点火燃料气、点火用氧气、冷却水、氧气/蒸汽、煤粉通道和冷却水。

14. 连续排污和定期排污的作用各是什么？

答：① 连续排污又称为表面排污，它是连续不断将汽包中水面附近的锅炉水排出炉外，主要是为了防止锅炉水中的含盐量和含硅量过高而引起的不良后果。它还能排出锅炉水中细小的晶粒或悬浮的水渣。连续排污的多少，应根据锅炉水的分析结果，主要是根据锅炉水的含盐量和含硅量来控制。

② 定期排污又称为间断排污或底部排污，它是定期从锅炉水循环系统中的最低点排放部分锅炉水，主要是为了排除水渣和其他沉积物。水渣由于重力的作用通常沉积在水循环系统的最低部位。

15. 主蒸汽管道投用前为何要进行暖管？

答：主蒸汽管道投用前温度很低，同时管道长，而且形状复杂，管子与其他附件间的厚度差别也很大，假如突然将大量的高温高压蒸汽通入管道内，就会在管道和附件内产生很大的热应力，这时若膨胀遭遇阻力，管道将会受到破坏，蒸汽进入冷态管道时，还会产生凝结水，如果凝结水不能及时排出，将会造成强烈的水击现象，而使管道落架或者损坏。

16. 合成气在线分析仪表如何维护？

答：① 当洗涤塔出口合成气温度高于180℃后，联系仪表人员及时投用合成气在线分析仪。

② 准确记录合成气在线分析与手动分析数据对比表，每周对照分析一次，当数据偏差大时联系分析仪表人员对在线分析仪进行标定。

③ 在线分析仪表出现异常情况或指示有误时（如组分加和低于98%），中控操作人员应联系仪表人员及时进行标定。

17. 水冷壁系统如何升温？

答：① 水冷壁循环建立前24h通过低温的脱盐水对水冷壁罐建液至80%以上（严禁用高温介质建液，以防温差过大造成捣打料脱落）进行冲洗置换，如此反复直至水样无杂质，置换合格后建立水冷壁循环水循环，缓慢预热升温。

② 升温时间不得低于 12h。

③ 升温速率不得超过 20~30℃/h，防止因升温速率过快，导致水冷壁捣打料变形脱落，造成水冷壁烧损。

18. 气化炉首次投煤时水冷壁如何挂渣?

答：① 确认煤粉给料罐与气化炉压差在 650~750kPa。

② 气化炉投煤后，待开车气 LPG 完全退出后，通过调节氧煤比设定值来调节炉温，氧煤比从 0.36 开始每 1min 增加 0.01 至 0.4，防止炉温过低堵塞气化炉渣口。

③ 当主烧嘴投煤负荷在 72%~75% 以内时，进烧嘴次高压蒸汽用量调整为 1600~1800kg/h，当负荷高于 72%~75% 后，进烧嘴次高压蒸汽用量调整为 1200~1600kg/h。挂渣期间负荷维持 72%~75% 运行 2h。

④ 在温度调节过程中，当氧煤比提高至 0.4 后，时刻关注总热损和渣口热损的变化，此时通过调整氧煤比，先保持总热损 2.5MW，运行 60min 后，再提高氧煤比，总热损涨至 3.0MW，运行 60min。热损持续上涨时，可以根据情况适当降低氧煤比。

⑤ 若挂渣期间，水冷壁总热损处于正常控制范围，但渣口热损持续高于 0.55MW，则通过将给料罐与气化炉压差提高至 750~850kPa，以增大煤粉流速，提高渣口挂渣率。

⑥ 气化炉出口合成气温度小于 180℃ 前，通过总热损来控制炉温，确保总热损在 2.0~4.0MW，渣口热损在 0.3~0.4MW，合成气温度高于 180℃ 后将合成气在线分析仪投用正常，且负荷达到 72%~75% 后工艺参数应控制在指标范围内，控制合成气中 CH_4 含量（体积分数）在 $(250~600)×10^{-6}$，CO_2 含量在 5%~15%，总热损在 2.0~4.0MW，渣口热损在 0.3~0.4MW，确认气化炉出口合成气温度在 219~222℃。

⑦ 投煤成功后，若气化炉热损小于 4.0MW，且 4h 内无明显上涨趋势则水冷壁挂渣成功。

⑧ 气化炉挂渣主要受气化炉的温度影响，气化炉温度高，挂渣为硬

度高、晶亮的渣，炉温低气化炉挂渣多为虚渣。所以，在水冷壁热损允许范围内，根据气体成分、合成气温度等条件判断，挂渣期间尽量维持较高的气化炉温度。

19. 气化炉投煤后如何调整？

答：① 主烧嘴投煤成功后，初始入炉的次高压蒸汽流量设置为1600kg/h，每增减10t/h负荷，增减500kg/h蒸汽。

② 调整主烧嘴λ值，当气化炉负荷自动升至60t/h后，调整气化炉负荷＜3t/次，将负荷升至65t/h。

③ 观察煤粉密度，调节使煤粉密度稳定在300～450kg/m³。

④ 运行时水冷壁系统热损控制如下：a. 水冷壁总热损＜4.0MW；b. 下渣口热损＜0.55MW。

⑤ 投煤成功后当煤粉流量自动提负荷至60t/h以后，在20～30min之内将λ_{MB}调节正常，逐步提升λ_{MB}至0.4～0.45之间，控制CH_4含量（体积分数）在$(250～600)×10^{-6}$。

⑥ 操作人员手动调整λ_{MB}及λ_{MB}调节系数（0.9～1.2），λ_{MB}调整原则为先提λ_{MB}设定值，再提λ_{MB}调节系数，λ_{MB}为0.01/次，λ_{MB}调节系数为0.01/次。

⑦ 气化炉出口合成气温度为219～222℃。

⑧ 投煤前确认合成气分析仪表已投用，且负荷达到55t/h后工艺参数应控制在指标范围内（表4-1）。

表4-1 合成气在线分析数据控制指标　　　　　单位:%（体积分数）

分析项目	控制指标
氢气	22～30
一氧化碳	55～70
二氧化碳	5～15
甲烷	0.025～0.060

续表

分析项目	控制指标
氮气	0.3~1.0
氧气	<0.11

⑨ 投煤成功 2h 内,将煤粉单元高压氮气切为二氧化碳,将点火烧嘴 LPG 切为高压 FG。

20. 气化炉点火烧嘴中心氮的作用是什么?

答:气化炉点火烧嘴中心氮的作用是防止气化炉点火前炉膛内的灰进入点火枪内或者气化炉运行时防止枪尖回火烧损点火枪。

21. 烧嘴冷却水罐压力控制为什么必须始终大于气化炉压力?

答:① 防止停车泄压后煤气、煤灰反窜,堵塞平衡管线。
② 防止烧嘴冷却通道泄漏后,合成气反窜入烧嘴冷却水系统。

22. 气化炉组合烧嘴中的点火烧嘴主要作用是什么?

答:① 气化炉开车期间,对气化炉进行升温升压,达到 4.05MPa 以上时,对主烧嘴燃料进行点火。
② 正常生产期间,防止主烧嘴火焰熄灭;主烧嘴停车期间,继续保持运行,对气化炉进行保压,待气化炉重新开启时对主烧嘴进行点火。

23. 描述蒸汽抽引器的作用

答：合成气洗涤工序设置开工抽引器，供拆卸或安装烧嘴时或气化炉进人检修时使用，采用低低压蒸汽对气化炉系统抽负压，抽气进口位于激冷室出口到一级文丘里洗涤器的合成气管线上，抽引器出口直接排至大气，避免炉膛内正压情况下污染烧嘴或导致人员窒息。

24. 简述气化装置与上下游各装置的关系

答：① 空分装置产出的合格氧气、氮气送至气化系统，氧气供气化炉使用，氮气作为输送载气、流化气、疏松气使用，低压氮气、仪表风、工厂风等也由空分装置提供。

② 备煤装置产出的合格煤粉，经过气力输送至气化煤粉仓，供气化炉使用；备煤伴热系统产生的蒸汽凝液送往气化冷凝液低压闪蒸罐回收利用。

③ LPG 装置产出的制备气体送至气化炉作为点火烧嘴的点火燃料，主烧嘴投煤燃料，以及在无高压燃料气期间维护点火烧嘴运行的燃料。

④ 气化装置产生的以 CO、H_2、CO_2 为主要成分的合成气经降温、增湿、除尘后送入变换装置，经过变换反应生产适宜氢碳比的费-托油品和甲醇合成气；变换装置正常生产产生的高温凝液送至气化装置，作为洗涤塔塔盘补水。

25. 简述气化炉合成气离开反应室后的流程

答：气化合成气和液态熔渣经气化炉反应室出口，进入激冷室内的下降管，激冷水通过下降管上部的激冷环喷出，在下降管内壁形成一层液膜，合成气和熔渣与下降管内壁的液膜进行换热，降温后的合成气和熔渣进入激冷室底部,激冷室维持一定的液位,合成气以鼓泡方式通过激冷室内部,经激冷室冷却和除尘后的合成气,通过气化炉合成气出口送往合成气洗涤工序。

26. 闪蒸单元第三级闪蒸的详细流程是什么?

答:二级闪蒸后黑水进入真空闪蒸罐(-0.07MPa,70℃)进行第三级(真空)闪蒸,闪蒸出来蒸汽和不凝气进入真空闪蒸冷却器进行冷却,在真空闪蒸罐冷凝液分离罐中分离,此系列不凝气与其他三个系列的不凝气汇合后进入真空泵入口扩散管,气相经真空泵抽出排空,冷凝液去沉降槽。闪蒸后的黑水经闪蒸泵抽出至沉降槽。

27. 什么时候投用煤粉加压输送单元低低压蒸汽伴热系统?如何投用?

答:煤粉加压输送单元低低压蒸汽伴热系统必须在开车前1~2d投用,进行升温,防止煤粉在露点温度发生凝结,造成结块堵塞。
① 先确认蒸汽凝液系统已正常投用,依次将需伴热设备的疏水器前导淋打开,微开低低压蒸汽各支路手阀对管线进行预热暖管。
② 待疏水器导淋全部为蒸汽时,投用疏水器,关闭导淋,并入凝液系统。
③ 缓慢全开低低压蒸汽各支路手阀,维持系统温度在80℃以上。

28. 投煤成功后,气化炉如何调整负荷?有哪些注意事项?

答:气化炉负荷调整主要分为两个阶段:

(1) 第一阶段：系统自动增加负荷

四根煤粉管线成功投煤后，系统将按照设置的固定速率，增加负荷至气化炉允许的最低负荷运行（60%负荷），当达到该负荷后，各粉煤管线速度、密度、流量偏差、主烧嘴氧煤比均在正常范围内时，再进行手动增加负荷。

(2) 第二阶段：手动增加负荷

① 通知调度及上下游工段，气化系统加负荷。

② 操作人员可通过煤粉流量设定对气化炉提负荷，逐步将负荷提至正常值。

③ 调整负荷时要注意变换炉床温度及 CO 含量。

④ 提负荷时先加煤粉，再加氧气量。

⑤ 调整负荷时要遵循少量多次原则，增加速度必须缓慢，每次增加完毕后观察 5min，等系统稳定后，再进行增加，防止突然大量地增加，造成系统大幅度波动。

⑥ 调整负荷时关注合成气气体成分，水冷壁温差，主热损，渣口热损，系统压力，煤粉管线密度、速度，煤粉角阀阀位的变化。

⑦ 调整负荷时，控制好气化炉炉温。若炉温过高，则导致挂渣脱落，烧损渣口；当炉温过低时，则易造成渣口堵塞。

⑧ 调整负荷时及时调整次高压蒸汽流量，次高压蒸汽起到调节主烧嘴火焰形态、控制气化炉水冷壁热损的作用。减负荷时，煤粉和氧气流速降低，火焰变粗，应适当增加次高压蒸汽流量，拉长火焰。加负荷时，应减小次高压蒸汽流量。

⑨ 调整负荷时及时调整激冷室液位。气化炉负荷调整，直接影响合成气带水量。若气化炉负荷降低，合成气带水量下降，激冷室液位升高。

29. 气化炉进行热备时，如何对煤粉输送单元进行确认？

答：① 确认煤粉仓氧含量＜1%；煤粉仓锥部流化氮气流量＜900m³/h（标准状态）。

② 投用煤粉锁斗、给料罐、煤粉管线的射源仪表。

③ 投用减压过滤器及煤粉仓过滤器脉冲电磁阀组程序，确保布袋脉冲吹扫正常。

④ 将煤粉给料罐压力设定为 4.8～5.2MPa，保证与气化炉压差在 550～750kPa 之间。

30. 真空度低对闪蒸系统有何影响？

答：① 真空度低，闪蒸后的黑水温度高，进入沉降槽的水温升高，从而影响絮凝剂沉降效果，导致水质变差。

② 真空度低，水中的酸性气体不能完全解吸脱除。

③ 真空度低，产生的闪蒸的气量减小，热量带走较少，导致系统热负荷增加。

④ 真空度低，导致低压灰水温度上升，管线结垢速率增大，且不利于废水外排。

31. 高压煤粉输送系统停车步骤是什么？

答：① 煤粉输送系统泄压至 0.1～0.3MPa，进行返煤粉操作，将煤粉仓、锁斗内煤粉全部卸至煤粉给料罐中，两个锁斗下料阀打开，均与煤粉给料罐连通，由煤粉给料罐送至备煤相关煤粉仓中，根据实际情况也可送至煤粉仓中，返料过程中注意煤粉给料罐的压力控制，防止压力过高使备煤粉仓防爆板破裂，将锁斗、煤粉给料罐压力泄至常压。

② 手动停锁斗顺控循环。

③ 四根煤粉管线压力泄至常压。

④ 关闭缓冲罐 1 出口总阀及出口进每个锁斗高压氮气/二氧化碳分支总管手阀，关闭缓冲罐 2 出口阀调节阀，关闭其后总管第二道手阀，将双道总阀阀间导淋打开，对该段管线进行泄压。

⑤ 关停锁斗、煤粉给料罐蒸汽伴热系统（根据实际工况确定是否停用），煤粉仓通入少量低压氮气进行保护。

32. 简述气化装置检修后开车的要点和注意事项

答：① 员工培训、资料学习、方案编制审批、各项准备工作到位、人员组织到位、设备保运人员到位。

② 操作卡编制审批完成，并严格按照操作卡执行。

③ 装置联锁、工艺指标和盲板单据必须齐备，并落实到人。

④ 做好技术和安全交底工作。

⑤ 编制开车统筹网络图并严格遵照执行。

⑥ 开车必须遵循安全、稳定和细致原则，各条管线必须都要确认到位。

⑦ 必须遵循一事一方案，一方案一措施准则。

⑧ 火炬系统必须投用正常。

33. 磨煤机运行时振动大可能由哪些原因造成？

答：① 磨煤机碾磨件间有异物或被损坏。

② 磨盘内无煤或煤量少。

③ 导向板磨损或间隙过大。

④ 蓄能器中氮气过少或气囊损坏。
⑤ 磨煤机拉杆断裂或出力不平衡。
⑥ 磨煤机加载力过大。

34. 热风炉点火失败的主要原因有哪些?

答：① 仪表阀门故障，开关延时或未到位。
② 燃料气管线现场手阀确认不到位，有阀门未完全打开。
③ 热风炉点火枪未完全放入。
④ 燃料气管线带液导致点火失败。
⑤ 燃料气管线吹扫氮气管线阀门内漏。
⑥ 长明灯吸风口开度过小。
⑦ 天然气长明灯管线堵塞或冻结。

35. 纤维分离器常见的故障有哪些?

答：① 电机与减速箱连接键损坏。
② 减速箱故障。
③ 纤维分离器轴承损坏。
④ 内部箄子板纤维过多，下煤不畅或堵塞。
⑤ 驱动电机与旋转机械的连接链条脱落。
⑥ 电机故障。

36. 煤粉制备和输送单元运行过程中有哪些主要控制点?

答：① 磨煤机出口温度控制。

② 风煤比控制。
③ 磨煤机出口压力控制。
④ 助燃风与燃料气量控制。
⑤ 磨辊加载力控制。
⑥ 系统露点控制。
⑦ 系统氧含量控制。

37. 低压煤粉输送系统输送的方式是什么？

答：气力输送系统采用正压密（浓）相脉冲输送方式，进料设备为发送罐，气源为低压氮气。系统设计每条输送线最大输送能力为160t/h，每条线设有两台发送罐，它们既能单罐发送，也可双罐交替发送。

38. 热风炉投用之前必须满足什么条件？

答：① 确认循环风机已启动并运行正常，系统压力正常。
② 确认系统置换合格，氧含量小于8%。
③ 确认助燃风机已启动，运行正常。
④ 点火装置已调试正常，等待热风炉点火。

39. 磨煤机出口压力变化的原因有哪些？

答：① 瞬时给煤量变化。
② 循环气放空风量变化。
③ 燃料调节系统中燃料切换或波动、系统故障等。
④ 氧量调节补氮系统失灵、消防氮气阀门打开。

⑤ 磨煤机出口压力调节系统失灵。

⑥ 系统管路漏风。

⑦ 煤粉收集器布袋前后压差变化。

40. 煤粉收集器压差过大的原因有哪些？

答：① 收集器滤袋老化。

② 反吹气压力过小。

③ 反吹周期过长。

④ 反吹管线脱落。

⑤ 循环风量过低。

⑥ 部分反吹电磁阀不动作。

41. 热风炉炉膛温度上不去的原因有哪些？

答：① 燃料气与助燃空气的配比不合适。

② 燃料气热值小。

③ 循环风量过大。

④ 检测仪表故障。

42. 入炉煤粉的粒度及含水量有哪些要求？

答：煤粉粒度：小于 $500\mu m$ 的煤粉量质量分数大于 99%；

小于 $250\mu m$ 的煤粉量质量分数大于 94%；

小于 $63\mu m$ 的煤粉量质量分数占 $40\% \sim 60\%$。

残余水分：$\leqslant 4\%$。

43. 简述备煤装置煤粉物料走向

答：原煤仓内的原煤经称重给煤机，由落煤管道进入中速磨煤机，在磨煤机内部进行研磨、干燥，较细煤粉经旋转分离器旋风分离后，随热惰性气体进入煤粉收集器，不合格的粗煤粉返回碾磨区重磨，含有煤粉的热气体，经煤粉收集器中的滤袋过滤，吸附在滤袋外部的煤粉经氮气反吹脱落，落到煤粉收集器下部的料斗内缓存，然后料斗内的煤粉由出料口处旋转给料阀排至螺旋输送机，螺旋输送机再将煤粉送至纤维分离器内进行筛分，最后进入煤粉仓。

44. 可导致磨煤机出口温度变化的原因有哪些？

答：① 热风炉燃烧不稳定。
② 称重给煤机负荷调整或故障。
③ 循环气放空风量变化。
④ 原煤水分含量变化。

45. 简述气化装置除渣系统流程

答：如图 4-1 所示，燃烧后的炉渣在重力作用下从气化炉激冷室自由落入破渣机内。渣锁斗高压时与气化炉连通收渣，渣锁斗泄压后，将渣水排至捞渣机。捞渣机将炉渣刮至渣斗，渣斗再将渣排入渣车。

渣锁斗循环是一个自动顺控程序，渣锁斗循环分为泄压、排渣、冲洗、充压、收渣 5 个阶段。

① 泄压。渣锁斗收渣阀组关闭，渣锁斗中的压力泄至捞渣机。

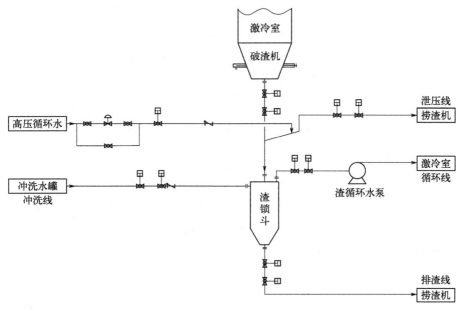

图 4-1 除渣系统工艺流程

② 排渣。渣锁斗泄至常压后，渣锁斗排渣阀组打开，渣锁斗中的渣排至捞渣机。

③ 冲洗。渣锁斗排渣过程中打开冲洗水罐冲洗管线切断阀，对渣锁斗进行冲洗和重新填水。

④ 充压。排渣、冲洗完毕后，打开充压阀对渣锁斗充压。

⑤ 收渣。将渣锁斗压力充至与气化炉压差小于一定值后，打开渣锁斗收渣阀组，与气化炉激冷室连通，开始收渣过程。当渣锁斗收渣时间到，渣锁斗开始新一轮顺控程序。在收渣过程中，渣锁斗中的水将通过渣循环水泵送至气化炉，将破渣机上方渣水从气化炉冲至渣锁斗。渣循环水泵的作用是为防止渣在破渣机中进行积累导致蓬渣、架渣。

46. 简述气化装置煤粉锁斗工艺流程

煤粉加压输送单元主要设备有煤粉仓、煤粉锁斗和煤粉给料罐。煤粉锁斗工艺流程如图 4-2 所示，来自煤粉制备单元的煤粉通过气力输送到煤粉仓，然后进入煤粉锁斗，煤粉锁斗以交替的方式顺序控制操作，以保持煤粉给料罐料位的稳定。当煤粉锁斗处于常压状态时，打开煤粉锁斗的进料阀，使煤粉仓的煤粉自流进入煤粉锁斗，料满后关闭进料阀。煤粉锁斗升压时，分上下两路升压管线通入高压二氧化碳进行加压（开车工况使用氮气）。其中，下路升压管线的气体通过煤粉锁斗内布置的 6 根笛管均匀进入煤粉锁斗。煤粉锁斗加压至与煤粉给料罐压力相同后打开平衡阀和下料阀使煤粉自流进入煤粉给料罐中，下料结束后关闭下料阀和平衡阀，打开泄压阀排出二氧化碳，使煤粉锁斗泄压至常压，泄放的气体进入减压过滤器除尘并减压至常压，过滤器底部收集的煤粉通过煤粉旋转给料阀利用重力排放至煤粉仓。过滤后的二氧化碳气体排往低温甲醇洗单元洗涤后达标排放。

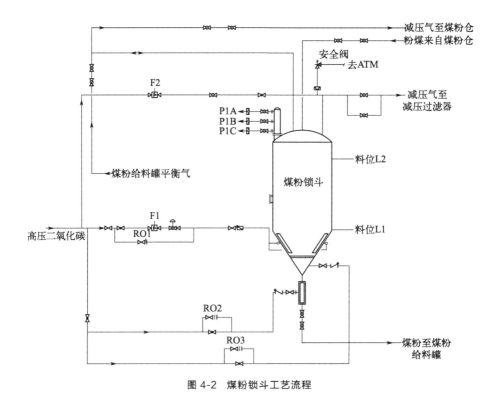

图 4-2 煤粉锁斗工艺流程

47. 简述气化装置煤粉角阀的用途、工作原理与注意事项

答：（1）用途

煤粉角阀用于煤粉经煤粉管线从给料罐输送到气化炉主烧嘴参与燃烧反应的流量调节。

（2）工作原理

煤粉角阀是单导向结构，合理利用了系统管路的弯头。特点是阻力小，适用于耐磨、耐冲刷的运行系统，可提高介质的流通能力。

（3）注意事项

① 煤粉角阀的防堵性能一般，运行时要打开一定量的阀门吹扫气。
② 煤粉角阀运行时，开度异常（如开度过大），通过震动阀体或者调节阀体吹扫气的方法进行处理调整。
③ 定期检查煤粉角阀阀芯和阀座的磨损情况。

48. 气化炉主烧嘴投煤后有哪些重要确认点？

答：① 确认气化炉火焰监测器运行正常。
② 确认水冷壁循环水回水总管温度明显升高，水冷壁循环水汽包副产蒸汽量增大。
③ 确认激冷室液位出现下降。
④ 确认气化炉出口合成气温度明显升高，合成气流量迅速增大。
⑤ 确认高压火炬燃烧火焰变大。
⑥ 确认合成气中甲烷、一氧化碳、二氧化碳含量在正常范围内，煤

粉流量偏差、各根煤粉管线流量（速度、密度）在控制范围内，无明显波动。

⑦ 确认煤粉锁斗、煤粉给料罐顺控运行正常，煤粉输送正常。

⑧ 确认闪蒸系统各塔罐液位、压力正常。

⑨ 现场巡检，并确认无"跑、冒、滴、漏"现象。

49. 简述气化炉投煤后向变换系统导气时的条件及注意事项

答：（1）导气条件

① 洗涤塔出口合成气温度在180℃以上，合成气在线分析仪已投用，各组分在指标范围内。

② 变换装置具备接气条件。

（2）导气注意事项

① 中控室人员通知调度及变换装置操作人员做好接气准备。

② 现场确认将合成气至变换装置切断阀后双道电动阀打开。

③ 稍开合成气至变换装置压力调节阀1%～3%阀位，现场确认导气均压阀前后手阀打开，中控室人员缓慢打开均压阀，对下游变换装置合成气管线进行均压操作。

④ 当合成气至变换装置阀组前后压差小于0.1MPa时，中控室人员关闭合成气至变换装置压力调节阀（防止切断阀打开，突然有大量的粗合成气进入变换装置），打开合成气至变换装置切断阀，再缓慢开启合成气至变换装置压力调节阀（每次以0.5%阀位为基准），同时确认至高压火炬泄压管线的调节阀根据气化炉压力的变化自动缓慢关闭，直至全关。

⑤ 中控室人员缓慢关闭均压阀，将合成气至变换装置压力调节阀投串级控制，导气完成（单炉导气时间必须>40min）。

50. 循环水罐水质差、悬浮物含量高如何调整？

答：① 检查絮凝剂系统，确保药剂添加正常。

② 检查分析循环水罐的各路进料，对影响水质的进料进行调整处理，保证低压循环水水质。

③ 检查确认沉降槽溢流水质，若悬浮物含量高，调整絮凝剂的用量。

④ 检查沉降槽转耙确认运行正常。

⑤ 打开循环水罐底部排污阀，排尽罐底沉积污泥。

51. 点火烧嘴 LPG 如何切换成 FG？

答：① 确认 FG 单系列手阀全开，调节阀前后手阀全开，确认高压 FG 压力大于 5.3MPa，联系仪表 FG 流量计排凝。

② 打开 FG 管线切断阀，将 LPG 流量调节阀改为"手动"状态。

③ 手动增加 FG 流量调节阀阀位开度，同时关小 LPG 流量调节阀的开度，每 10s 提高 FG 流量设定值 150m^3/h（标准状态，下同），同时降低 LPG 流量设定值 50m^3/h，严格控制点火氧量波动幅度小于 50m^3/h。

④ 当 LPG 流量值小于 30m^3/h，且 FG 流量达到 1600m^3/h 时，将 LPG 流量调节阀关闭，确认切断阀自动关闭，确认该项操作在 13min 内完成。

⑤ 观察 FG 流量稳定在 1600m^3/h，且点火烧嘴氧煤比稳定后，点击"LPG 切换 FG"按钮，切换完成。

52. 气化装置检修后开车前的检查和准备有哪些项目？

答：（1）开车前的检查

① 技改项目：设备安装好后，经过试车检查确认合格，装置单体试

车、联动试车完成,并经检查和确认合格,系统清洗、干燥、吹扫、试压、气密性试验完成并合格,仪表、电气正常,方可交付使用。

② 所有设备、管道、阀门都已安装完毕,清洗、吹扫和气密性试验完成并全部合格。

③ 所有控制阀调试完毕,联锁调试完毕,动作准确。

④ 电气、仪表检查合格,仪表自动控制系统能正常运行。

⑤ 水(生活水、生产水、消防水、高低压锅炉给水、高低压密封水、脱盐水、循环水、优质再生水)、电、气(仪表空气、工厂空气、氧气、氮气、天然气、LPG)、汽(中压饱和蒸汽、低压蒸汽、次高压蒸汽)、化学品及原料输送等公用设施都已完成,并能正常供应。

⑥ 生产现场已彻底清理,特别是易燃易爆物品不得留在现场。

⑦ 用于开车的通信器材、工具及消防和气防器材已准备就绪。

(2)开车前的准备

① 开车前,将进界区水(工艺水、脱盐水、循环水、高压锅炉给水、中压锅炉给水、低压锅炉给水、优质再生水)的入口总阀打开并引入界区,且压力、温度等指标都应保证达到设计要求,并送至各用水单元。

② 接收次高压、中压、低压蒸汽到界区内各用汽单元。

③ 将仪表空气、工厂空气、低压氮气引入界区待用。

④ 检查装置内所有仪表、阀门均已安装调试完毕并正常投用。关闭所有调节阀,打开其前后手动阀。关闭导淋、旁路阀,确认其他所有手动阀处于关闭状态,联系仪表人员确认装置内所有放射性仪表已正常投用。

⑤ 气化炉激冷室系统激冷水短节未复位前,启动激冷水泵对合成气洗涤塔至气化炉激冷水管线进行水冲洗,冲洗至少10min(激冷水流量大于700m^3/h),冲洗完清理激冷水过滤器和泵入口滤网后复位。

⑥ 各动设备送电备用,确认静设备的安全附件全部投用并完好。

⑦ 煤粉制备单元已产出合格煤粉,LPG送至界区。

⑧ 变换装置已具备接气条件。

⑨ 开车过程中需要使用的开车条件确认表、阀门确认表、隔离确认表、盲板确认表、操作记录等文件准备完毕。

⑩ 确认开车系统与其他系统已安全隔离,火炬系统准备就绪。

⑪ 安全应急方案已经组织学习,消防设施全部投用。

⑫ 电伴热、液位计、安全阀、防爆板、压力表、温度计确认安装就绪并投用正常。

⑬ 所有的上下游装置已准备就绪。

⑭ 组合烧嘴已安装到位,打火测试正常。

53. 气化装置如何停车?

答:① 联系调度通知前后工段,气化炉组合烧嘴准备停车。

② 接调度停车通知后,联系备煤装置停止发粉,备煤装置根据负荷情况调整工况。

③ 中控通过降低煤粉总流量设定值至满负荷的75%,控制炉温及热损在正常指标内。

④ 保持煤粉锁斗正常运行,将煤粉仓内的煤粉全部输送到煤粉给料罐内,待煤粉仓和锁斗内煤粉清空后,停运煤粉锁斗顺控。

⑤ 将合成气至变换装置压力调节阀打至手动缓慢关闭,从变换装置退出合成气,系统自动通过火炬放空调节阀控制压力,使其维持在气化炉压力当前设定值,中控确认合成气切换至高压火炬放空,退气完毕后,关闭合成气至变换装置切断阀。

⑥ 待煤粉给料罐料位降至10%,点击点火顺控"STOP"按钮,组合烧嘴停车,确认组合烧嘴停车程控阀门时序、阀位正确(顺控停车无效时,按紧急ESD停车按钮,优先选择顺控停车)。

⑦ 确认次高压蒸汽放空切断阀打开,现场确认次高压蒸汽过滤器放空手阀打开。

⑧ 保持气化炉压力3.0~3.5MPa,激冷水量大于400m^3/h,合成气洗涤塔脱盐水、酸水汽提凝液、变换高温凝液补水量根据实际情况减少,对系统进行冲洗,最大限度保证停车后管道、设备内的清洁度,冲洗时间大于6h。

⑨ 洗涤塔开路排放管线流量调整为不得低于 80t/h 保持冲洗 4h，开路排放角在 50%～100% 动作，确保洗涤塔内积渣排渣闪蒸系统运行良好。

⑩ 组合烧嘴停用后，除渣顺控继续运行 3 次以上，联系现场检查气化炉积渣是否排至捞渣机，确认激冷室内渣已排尽。

⑪ 冲洗结束后，将"气化炉压力设定"值调整为 2.0MPa，保持大水循环运行，视要求进行下一步操作（冷备或交出）。

54. 气化煤粉单元如何向备煤装置返煤？

答：① 现场将返煤短接至备煤粉仓方向，与气化煤粉仓管线断开。

② 备煤装置确认返粉管线至接收煤粉仓手阀打开，其余支路手阀关闭；备煤接收返煤粉仓发送系统确认正常，具备接收条件。

③ 将需要返煤气化炉去备煤粉仓的返料线总手阀打开，然后将此手阀前的低压热氮气手阀打开 2～3 扣并确认有气流通；对返煤管线预热 1h 以上，现场确认气化至备煤返煤管线伴热已投用。

④ 通知备煤单元岗位人员监控粉仓压力，四根煤粉管线返煤需要逐根操作。

⑤ 打开第一根煤粉管线第一道切断阀，关闭煤粉管线三通阀，确认返煤管线氮塞切断阀关闭，打开返煤切断阀进行返煤，使用煤粉管线角阀控制返煤量在 8～15t/h，确认煤粉管线 2 个压力表压力正常，与给料罐压力基本一致，煤粉管线密度计显示在 50～300kg/m^3，当高于 300kg/m^3 时，应当提高给料罐压力，并提高调速气量，防止密度太高导致堵塞。

⑥ 第二至第四根煤粉管线返煤操作同第一根。

⑦ 返煤 1～2min，联系备煤单元岗位人员确认煤粉仓称重增加，确认返煤管线通畅且已返至备煤。

⑧ 当两台煤粉锁斗进料阀打开与煤粉仓连通，煤粉仓称重小于 3t 且无变化时，关闭煤粉仓锥部吹扫气阀静置 30min，再次打开锥部吹扫气

吹扫 10min 关闭，静置 30min 后关闭收料阀，如此反复操作不低于 4 次。

⑨ 煤粉仓内积煤收集完后煤粉仓至锁斗下料阀关闭，煤粉锁斗 A、B 下料阀持续打开，卸煤进给料罐，关闭锁斗与给料罐平衡阀，打开煤粉锁斗 A、B 上下路升压气切断阀，稍开升压气流量调节阀，锁斗与给料罐压差无持续上涨情况，确认下料管线畅通，用煤粉锁斗 A、B 上下路升压气进行吹扫，吹扫 10min 后全部关闭，静置 30min 后再次打开吹扫，如此反复操作不少于 4 次。

⑩ 关闭煤粉锁斗 A、B 下料阀，用煤粉锁斗 A、B 上下路升压气进行吹扫，吹扫 5min 后全部关闭，静置 20min 后，打开锁斗 A、B 下料阀，控粉 10min 后关闭，再次打开吹扫，如此反复操作不低于 3 次。

⑪ 每次返煤时注意备煤粉仓压力低于 1kPa，保持给料罐压力 < 0.5MPa，用煤粉循环管线向备煤返煤，当第一至第四根煤粉管线的密度全部小于 $50kg/m^3$ 时，关停给料罐锥部吹扫气，静置 30min 后，再次向备煤返煤，当第一第四根煤粉管线密度再次小于 $50kg/m^3$ 时停止，如此反复不低于 4 次，静置后再次返煤，当密度无变化时可认为给料罐锥部已经无煤粉。至此，继续保持空气吹扫至少 2 小时，再停止返煤。

⑫ 返煤结束，中控室人员关闭四根煤粉管线上的切断阀、三通阀，现场人员将备煤发粉总阀和助推低压氮气手阀关闭。

55. 变换装置预硫化催化剂如何升温？

答：变换装置预硫化型钴钼耐硫变换催化剂中的活性组分钴、钼分别以硫化钴、二硫化钼的形式存在，为保证运输和装填安全，出厂前要进行催化剂的钝化处理，开车使用时要先经过氮气加温对钝化膜进行处理，以保证催化剂能够在工艺生产过程中达到理想的使用效果，其使用性能能够得到充分的发挥，一般采用氮气循环处理法，即通过循环气压缩机来实现系统内的氮气循环升温，其升温步骤为：

① 将第一变换炉升温硫化系统流程打通，充入低压氮气后首先启动循环压缩机，然后投运蒸汽加热器，控制电加热器出口温度为 120～

140℃，对第一变换炉催化剂床层进行单独升温。

② 催化剂床层升温时一定要平稳，控制床层升温速率不超过30℃/h。

③ 催化剂升温过程中，床层温度在80～120℃为恒温排水期（钝化剂），要及时打开第一变换炉出口低点导淋阀门，将管道中的冷凝液排出。排水期间逐渐把加热器出口温度提高至160～180℃。

④ 当第一变换炉催化剂床层温度整体（出口）达到120℃以上时，逐渐打开第二变换炉进出口阀，关闭第一变换炉出口单独升温管线，将第二变换炉串入升温硫化系统进行升温。

⑤ 通过第二变换炉入口废热锅炉控制第二变换炉入口温度在120～140℃。在第二变换炉催化剂排水期间，逐渐提高入口温度至160～180℃。

⑥ 当第二变换炉催化剂床层温度整体（出口）达到120℃以上时，催化剂排水结束。

⑦ 当第一变换炉催化剂床层温度整体达到140℃以上时，逐渐提高加热器出口温度至200～220℃，对催化剂继续进行升温。

⑧ 当第一变换炉催化剂床层温度整体达到180℃以上时，逐渐提高加热器出口温度至240～260℃，对催化剂继续进行升温。

⑨ 当第一变换炉催化剂床层温度整体达到220℃以上时，逐渐提高加热器出口温度至280～300℃，对催化剂继续进行升温。

⑩ 当第一变换炉催化剂床层温度整体达到240～260℃、第二变换炉催化剂床层温度整体达到230～250℃时，视为催化剂升温结束。

催化剂升温处理时的注意事项：

① 在催化剂升温过程中，应定时向系统内补充氮气，保持系统压力稳定（0.2～0.3MPa）。

② 循环氮气开始升温后，应密切注意温升情况，床层温升不应超过规定的最大升温速率。

③ 催化剂升温过程中，控制床层上下部最大温差不应超过100℃，避免催化剂温升不均匀。

④ 变换催化剂升温后期，第一变换炉催化剂床层的最高温度不允许超过290℃。

⑤ 催化剂升温过程一定要有专人负责并做好记录，温度调整要缓慢、稳定，防止变换炉入口温度过高造成床层超温。

56. 变换装置新装填催化剂在运行过程中有哪些注意事项？

答：① 严禁合成气带水。变换炉接气过程中一定要避免将液态水带入催化剂床层，否则将导致催化剂活性降低，严重时将出现催化剂永久失活现象。床层带水还会将可溶性的盐析出，使催化剂颗粒粘连，床层结块，造成床层偏流失活，所以，操作中要严防将水带入床层。

② 控制适宜的水气比。变换炉入口水气比的控制与系统出口一氧化碳含量密切相关，在装置运行初期，催化剂活性较高，在满足系统出口一氧化碳含量的前提下，应尽可能采用较低的水气比操作。这样，不仅有利于节能，还可延长催化剂的使用寿命。当催化剂使用至后期时，要适当提高变换炉入口水气比，以保证催化剂的活性。

③ 入口温度的控制。新催化剂使用初期应采用较低的操作温度，有利于反应的平衡，但入口温度受动力学因素影响，特别是露点温度的制约，因此正常生产运行中变换炉的入口温度原则上要高于工艺气露点温度20℃及以上，否则将造成催化剂失活，影响其使用寿命。

57. 未变换装置新装填水解剂如何升温？

答：升温前准备工作：
① 水解催化剂装填完毕，并经气密性试验检查合格。
② 氮气系统置换合格，各导淋取样分析 O_2 含量小于等于0.1%。
③ 各废热锅炉投运备用。
④ 脱盐水、循环水等公用工程具备条件。
⑤ 开工加热器调试合格，具备升温条件。

⑥ 氮气具备供气条件。

水解剂升温：

① 将脱毒槽升温系统流程打通，充入低压氮气后首先启动循环压缩机，然后投运蒸汽加热器，控制电加热器出口温度约100℃，对脱毒槽剂水解催化剂进行升温。

② 控制床层上下部最大温差不超过100℃，以不超过50℃/h的升温速率逐渐提高加热器出口温度，将水解催化剂床层温度提升至220～230℃。

③ 水解催化剂床层升温时一定要平稳，避免催化剂温升不均匀。

58. 变换装置新装填催化剂接气时有哪些注意事项？

答：① 向变换炉内送气时，蒸汽暖管、废热锅炉及换热器预热要合格。

② 变换炉接气前第一变换炉催化剂床层温度不低于240℃，第二变换炉催化剂床层温度不低于230℃。

③ 变换炉前合成气暖管要彻底，各低点导淋排水彻底。

④ 可采用较高水气比（水煤气废热锅炉出口温度＞190℃）接气，避免催化剂床层出现甲烷化副反应造成变换炉飞温。

⑤ 接气时将变换系统压力控制在1.0～1.5MPa接气，然后再缓慢提压，提压过程要缓慢，以0.06MPa/min为宜，防止床层出现超温。

⑥ 接气过程中如出现变换炉床层超温＞500℃（上段第二层灵敏点温度＞300℃）时，应立即将来自气化装置的合成气全部导入变换炉内，同时要立即加大系统末端放空量，通过降低系统压力来快速降温。

⑦ 变换炉接气后，要尽快将变换炉入口温度控制在合适范围内（接气初期：第一变换炉230～240℃、第二变换炉230～250℃），以免引起床层温度二次波动，造成接气时间延长。

⑧ 当变换炉接气结束，且第一变换炉床层温度稳定后，要适当提高第二变换炉入口温度或向第二变换炉入口适当配入合成气，将第二变换炉

催化剂床层温度控制在 360～380℃进行高温强化 8～10h，然后再将入口温度降至正常控制指标，以使催化剂发挥出更好的催化活性。

59. 变换装置第二变换炉催化剂如何装填？

答：装填步骤：

① 检查第二变换炉内（外分布器与筒壁之间的环隙、中心管及外分布丝网、热电偶、炉底等）无异常情况后，封好底部卸料孔，装备装剂。装剂前将轴径向分布筒与外筒之间的环隙用消防袋或软性棉布材料封好，防止瓷球或催化剂进入。

② 先将氧化铝瓷球从顶部人孔装入设备底部，装填时顶部人员控制吊斗下料速度，炉内人员控制帆布软管将瓷球沿中心集气管由内向外均匀撒放，瓷球装填的数量达到图纸规定要求。

③ 确认下封头内瓷球装填完毕后，再准备装入催化剂。装填催化剂的方式与瓷球的装填类似，炉内人员控制帆布软管将瓷球沿中心集气管由内向外均匀撒放，每装填约 1m 的催化剂高度，炉内人员应站在木板上把催化剂摊平。

④ 催化剂装填完毕并摊平后，测量催化剂上层表面距催化剂筐上边缘的距离，如有偏差应进行催化剂补装，使催化剂达到图纸规定高度要求。

⑤ 催化剂装填完毕后，先在催化剂上层表面铺一层钢丝网，继而再装入高 200mm 相应规格的瓷球并摊平。

⑥ 顶部瓷球装好后，再铺一层钢丝网，最后用压格栅压好。

⑦ 装填作业时做好成品防护，保护轴向热电偶套管，同时保证热电偶套管位置固定不动。

⑧ 催化剂炉内所有填料、塔内件装填完毕后，及时将轴径向分布筒与外筒之间环隙封堵物取出，最后用内窥镜检查轴径向分布筒与外筒之间是否残留有异物，如有则需将异物及时取出。

装填注意事项：

① 装填施工人员严禁在搬运过程中滚动、摔打催化剂袋或桶。

② 安排专人负责开桶，核对催化剂型号、数量。

③ 开始装填前，对设备和内件的完整情况进行检查。

④ 装填开始前要预先确认催化剂装填高度。

⑤ 计量人员必须准确记录催化剂的装填量，并及时与装填人员联系。

⑥ 作业时不要将异物（铁片、纸、烟头、泥土等）带入炉内，进炉人员入炉前应将手表、手机、钥匙及口袋内其他所有物件取出存放，以防掉入变换炉内。

⑦ 在热电偶套管和套管支架周围装填催化剂时，注意不要造成架空。

⑧ 严禁催化剂出现从 1.0m 以上高度自由坠落的行为。

⑨ 操作人员在炉内工作时，不能直接踩在催化剂上，要在催化剂上铺上木板，防止踩碎催化剂，在作业完成后，必须把使用过的木板拿出炉外。

⑩ 装填作业中，如遇下雨、冰雹天气要立即停止作业，装料孔或变换炉口用人孔盖封好，并向炉内充氮气正压保护，未装完的催化剂包装桶要密封好，并将催化剂桶放置在干燥的密闭场所。

⑪ 应做好装填记录，包括物料的规格、型号和材质，装填的数量、高度，装填的时间等。

⑫ 装填过程中，中控人员要按时做好变换炉床层温度记录，如果发现床层温度有上涨趋势要立即向现场负责人通报。

CHAPTER
05

第五章
设备运行与维护

煤气化装置有大量的动设备和静设备，维护这些设备的正常运行，需要掌握设备基础知识、材料分类、阀门、润滑油脂、动设备启动及故障处理等相关内容，本章通过问答形式介绍了部分内容。

1. 简述离心泵的工作原理？

答：如图 5-1 所示，被送液体经吸入室进入泵内，并充满泵腔，原动机驱动轴带动叶轮旋转，叶轮的叶片带动被送液体与叶轮一起旋转，在离心力的作用下，被送液体由叶轮中心向叶轮边缘流动，其速度（动能）逐渐增大，在流出叶轮的瞬间速度最大，然后进入蜗室，被送液体速度逐步降低，将大部分动能转换为压力能，再经压出室进一步降低速度，被送液体的压力继续升高，达到需要的压力后将液体压入泵的排出管路。当液体由叶轮中心流向叶轮边缘后，叶轮中心呈现低压状态，泵外的液体在泵外与叶轮中心部分的压差作用下进入泵内，再由叶轮中心流向叶轮边缘。如此叶轮连续旋转，泵连续地吸入和压出被送液体，完成对液体的输送。

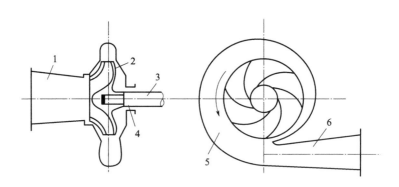

图 5-1 离心泵工作原理简图

1—吸入室；2—叶轮；3—轴；4—轴封；5—蜗室；6—压出室

只有在泵腔内充满液体时，液体从叶轮中心流向边缘后，在叶轮中心部分才能形成低压区，泵才正常和连续地输送液体。因此离心泵启动前，必须将泵内充满液体，排净空气，称作灌泵。

2. 什么是离心泵的机械密封？

答：机械密封系指两块密封元件，在其垂直于轴线的光洁而平直的表面上相互贴合，并做相对转动而构成密封的装置。它有许多结构形式，但其基本结构和作用原理是相同的。机械密封根据泵送介质的性质（黏度、润滑性、毒性、挥发性以及是否易凝固、易结晶等特性）以及工作条件（温度、压力等），通过计算选择正确的密封面组对（动环和静环）以及合适的结构，同时设置机械密封的冷却、冲洗、急冷等配套系统。从结构来看，机械密封主要是将极易泄漏的轴向密封改变为不易泄漏的端面密封。

3. 什么是离心泵的汽蚀？有哪些原因？如何防范？

答：（1）汽蚀定义

离心泵运行时，如泵的某区域液体的压力低于当时温度下的液体汽化压力，液体会开始汽化产生气泡；也可使溶于液体中的气体析出，形成气泡。当气泡随液体运动到泵的高压区后，气体又开始液化，使气泡破灭。气泡破灭的速度极快，周围的液体以极高的速度冲向气泡破灭前所占有的空间，即产生强烈的水力冲击，引起泵流道表面损伤，甚至穿透。这种现象称为汽蚀。

离心泵的汽蚀主要是被送液体进入叶轮时的压力降低，导致液体的压力低于当时温度的液体汽化压力，使泵不能正常工作，长期运行后叶轮将产生蜂窝状损伤或穿透。离心泵产生汽蚀时，流量、扬程、效率将明显降低，同时伴有噪声增大和泵的剧烈振动现象。

（2）汽蚀原因

离心泵产生汽蚀的原因是其吸入压力低于泵送温度下液体的汽化压

力。引起离心泵吸入压力过低的因素如下。

① 吸上泵的安装高度过高,灌注泵的灌注头过低。
② 泵吸入管局部阻力过大。
③ 泵送液体的温度高于规定温度。
④ 泵的运行工况点偏离额定点过多。
⑤ 闭式系统中的系统压力下降。

（3）汽蚀的防范措施

① 降低液体进入叶轮的流速,可适当加大叶轮吸入口的直径,或采用双吸叶轮,或降低泵的工作转速。
② 在叶轮吸入口前安装诱导轮。
③ 保证泵在泵装置中的有效汽蚀余量（$NPSH_a$）＞必需汽蚀余量（$NPSH_r$）＋0.5m,如采取降低泵的安装高度或增加泵的灌注头等方法。
④ 控制被送液体的温度,使其不高于规定的温度值。
⑤ 控制泵的工作点在泵的允许工作范围之内。
⑥ 采用耐腐蚀的材料。

4. 什么是离心泵的气缚？

答：离心泵的压头是以输送液体的液柱高表示的,在同一压头下,泵进出口压差与液体的密度成正比。当泵内有气体存在时,液体的平均密度下降,造成压差减小或泵吸入口的真空度过小,不能将液体吸入泵内,此现象被称为气缚。

5. 什么是"液击"现象？怎样去避免？

答：无论是输送过热蒸汽还是饱和蒸汽的管道,在系统启动或运行时,如果疏水不充分,蒸汽中就会带有凝结水,如果此时突然开启阀门,携带凝结水的蒸汽就会流动起来,形成波浪,凝结水较多时会形成水锤。水锤被高速汽流推动前进,由于水的惯性和不可压缩性,撞击管壁、弯头、阀门等管道附件,引起管道中流动的流体压力发生反复的、剧烈的周期性变化,这种现象被称为液击。一旦撞击到管道的弯头处或阀门位置时,流动瞬间停止,释放出动能,造成压力变化,形成冲击波,冲击管道和阀门,严重时可造成设备破裂、变形、错位及管道从管架上脱落等事故。为了避免蒸汽管道在投用过程中出现过大的热应力和液击,使管道产生永久变形或裂纹,因此蒸汽管道投用时必须提前进行蒸汽暖管和疏水。

预防措施:

① 设计、安装合理、规范的疏水系统,确保及时有效排放管道内的凝结水;

② 选择安装性能好、疏水量大、对负荷变化适应性强的疏水器;

③ 停运后的蒸汽管线相应疏水器、导淋设备应保持开启状态;

④ 蒸汽管道投用前,应检查疏水系统正常、通畅,管道内积水已排净;

⑤ 运行期间监控蒸汽参数的变化,尤其是对蒸汽温度的监视,发现异常降温应及时做出调整;

⑥ 蒸汽管道暖管时先主管后支管,按照介质走向依次分段进行暖管,同时确保管道过热后再提压,暖管期间升温速率控制在 $2\sim5℃/min$,升压速率控制在 $0.1\sim0.2MPa/min$。

6. 从哪些现象可以判断离心泵入口过滤网堵塞?

答:① 泵的入口压力低,并明显波动。

② 泵出口阀开度增大,泵入口相连的塔罐液位上涨。

③ 电机电流减小。

④ 泵出口压力降低。

7. 离心泵、螺杆泵、隔膜泵的出口阀在启动操作时应处于什么状态？

答：离心泵是凭提高液体静压能输送液体的，当出口阀关闭时启动泵将做最小功，不会损坏电机。

螺杆泵、隔膜泵属于容积式泵。启动时不能将出口阀关闭，否则泵将做最大功，且因压力无限上涨，损坏泵体。

8. 压力容器按压力等级应怎样划分？

答：压力容器按压力等级分类可分为内压容器与外压容器。内压容器又可按设计压力（P）大小分为四个压力等级，具体划分如下：

低压（L）容器 $0.1\text{MPa} \leqslant P < 1.6\text{MPa}$；中压（M）容器 $1.6\text{MPa} \leqslant P < 10.0\text{MPa}$；高压（H）容器 $10\text{MPa} \leqslant P < 100\text{MPa}$；超高压（U）容器 $P \geqslant 100\text{MPa}$。

9. 离心泵在什么情况下需要紧急停车？

答：遇到下列情况之一，应紧急停车处理：
① 泵突然发生剧烈振动。
② 泵内发出异常声音。
③ 电流超过额定值持续不降且经处理无效。
④ 泵运行时突然不打量。

10. 离心泵在运行时应注意哪些事项？

答：① 定时观察压力表、电流表的读数，若发现异常应查明原因并及时消除。

② 定时观察润滑指标，定期检查油质，并及时更换。

③ 定时观察润滑油、油封及冷却水、密封水的供应情况。

④ 定时检查离心泵和电机地脚螺栓的紧固情况，注意观察泵体的电机轴承温度及泵运行时的声音，发现问题应及时处理。

11. 离心泵出口流量不足的原因有哪些？

答：① 罐内液面较低或吸入高度增大。

② 密封填料或吸入管漏气。

③ 进出口阀门或管线堵塞。

④ 叶轮腐蚀或磨损。

⑤ 口环密封圈磨损严重。

⑥ 泵的转速降低。

⑦ 被输送的液体温度过高。

12. 离心泵不打量的原因有哪些？

答：① 泵的进口管道堵塞或泄漏。

② 泵的进口压力过低。

③ 泵进口阀开度太小或阀芯脱落，吸入量不足。

④ 泵内有空气，发生气缚。

⑤ 泵本身机械故障。

⑥ 泵出口阀芯脱落，出口管线不通；或出口止回阀卡住。

⑦ 电网电压低。

13. 离心泵振动过大的原因及处理措施有哪些？

答：振动过大原因：

① 泵转子或驱动机转子不平衡。

② 泵轴与原动机轴对中不良。

③ 轴承磨损严重，间隙过大。

④ 地脚螺栓松动或基础不牢固。

⑤ 泵抽空。

⑥ 转子零部件松动或损坏。

⑦ 支架不牢引起管线振动。

⑧ 泵内部摩擦。

处理措施：

① 转子重新找平衡。

② 重新校正泵轴。

③ 修理或更换轴承。

④ 紧固地脚螺栓或加固基础。

⑤ 进行工艺调整，确保吸入量充足。

⑥ 紧固或更换转子松动部件。

⑦ 管线支架加固。

⑧ 拆泵检查以消除摩擦。

14. 过滤机滤布打折如何处理？

答：① 利用滤布压辊将滤布压紧。

② 将滤布压辊表面清理干净。

③ 将滤布纠偏指针距离调大。

④ 如滤布打折严重,停车进行处理。

15. 润滑油对轴承有什么作用?

答:(1)润滑作用

当轴转动时,在轴与轴承的动、静部分之间形成油膜,以防止动、静部分之间摩擦。

(2)冷却作用

轴在高温下工作,轴承的温度也很高,润滑油流经轴承时带走部分热量,冷却轴承。

(3)清洗作用

轴承长期工作会产生细沫,润滑油会带走部分细沫,以免破坏油膜。

16. 什么是隔膜式计量泵?

答:如图 5-2 隔膜式计量泵简图所示,隔膜式计量泵由泵缸、膜片(隔膜)、吸液阀、排液阀等零部件组成。膜片将被送液体封闭在泵缸中,依靠膜片的变形改变泵缸的容积,并直接将能量传递给被送液体进行输液。通过改变膜片的变形量或膜片的变形次数调节流量。

隔膜式计量泵无需轴封,没有外泄漏,适于输送有毒有害、易燃易爆、含有颗粒、强腐蚀性和贵重的液体物料。

依据隔膜产生变形的方式,分为机械隔膜式计量泵和液压隔膜式计量泵。

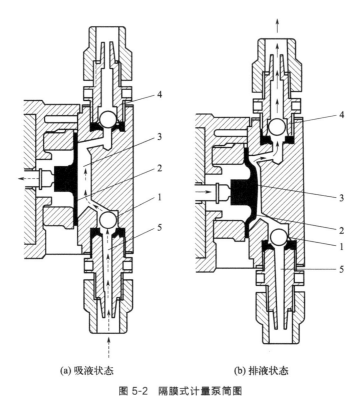

图 5-2 隔膜式计量泵简图

1—吸液阀；2—膜片；3—输液腔；4—排液阀；5—泵缸

17. 什么是真空泵？如何分类？

答：真空是指在特定空间，如容器或系统中，气体压力低于大气压时的物理状态，用绝对压力表示。真空泵是用来获得真空的设备，其种类很多，现分类如下。

（1）按实现真空的工作原理分类

① 抽除式真空泵，抽吸系统中的气体，并将气体分子排至系统之外。
② 捕集式真空泵，捕集系统中的气体分子，直接吸附在泵工作壁面上而不排出系统。

（2）按真空泵结构分类

① 机械式真空泵，类似于压缩机，属于容积式，有往复式与回转式结构，还有属于动力式的涡轮分子泵。

② 喷射式真空泵，有喷射泵与扩散泵两种形式，还有将两者组合在一起的增压泵。

③ 吸着式真空泵，依靠物理或化学方法使气体分子吸着在泵壁表面。

其中，机械式真空泵的种类很多，其动力性能、结构强度等均与压缩机有许多相似之处，以下为几种常见机械式真空泵。

往复式真空泵是最古老的结构形式，其结构坚固、运行可靠、对水分不敏感，极限压力为 $1\sim2.6kPa$，抽速范围为 $50\sim600L/s$，主要用于大型粗真空系统，如真空干燥、真空过滤、真空浓缩、真空蒸馏、真空结晶以及其他气体抽除等。往复式真空泵不适于抽除含尘或腐蚀性气体，除非经过特殊处理。往复式真空泵由气缸、活塞组成的工作腔部分及由曲轴、连杆、十字头、活塞杆等组成的传动部分构成。控制气体吸进与排出气缸的阀门有自动阀与强制阀两种。

油封回转式真空泵可直接用于抽气，也可作为其他主泵的前级泵，极限压力为 $6\times10^{-4}Pa$，抽速为 $0.5\sim150L/s$。油封回转式真空泵主要有旋片式、定片式、滑阀式等三种结构形式，其特点是：用油将泵体与排气系统隔开，可防止排出气体向泵内回窜（故称为油封式）；泵内必须设置油分离装置，以分离排气时带走的润滑油；一般情况下仍难以将油蒸气彻底清除，所以对真空系统和周围环境会造成油污染。

液环式真空泵在化工生产中经常使用，是利用叶轮旋转时形成液环与叶片间容积周期性变化而抽吸气体。液环式真空泵也称为纳氏泵，因为大多数场合用水作为工作液体，故常称为水环式真空泵。其结构简单、工作可靠，可抽吸含固体微粒或水分、易燃易爆的气体，也可用于抽吸腐蚀性气体。根据气体性质采用合适的工作液体，当用水作为工作液体时，不会污染环境与真空系统。其单级极限压力为 10^4Pa，双级可达 10^3Pa，最大抽速达 $500L/s$。其缺点是液力损失大、效率低，水力效率为 $50\%\sim70\%$。此外，工作过程中需经常补充工作腔内的液体。

罗茨真空泵,两个"8"字形的转子以相反方向同步旋转,气体自入口被带至出口。罗茨真空泵的抽速范围为 $(3\sim30)\times10^4$ L/s,一级极限压力为 $1\sim10$ Pa 且在 $1\sim10^2$ Pa 压力范围内具有较大的稳定抽速,故又称为快速真空泵;罗茨真空泵常作为喷射泵与油扩散泵的前级泵起增压作用,故又称为机械增压泵。

罗茨真空泵转子叶型间隙:小型为 0.1～0.2mm,大型为 0.2～0.4mm。因此对气体中含有的尘埃、纤维、水分等不敏感,但不适宜抽吸有腐蚀性或易燃易爆气体。罗茨泵工作腔内无摩擦零件,无需进行油润滑,不会出现油污染。

18. 黑水闪蒸用水环式真空泵的原理及异常工况分析

答:(1)原理

真空闪蒸罐的闪蒸气分别经真空闪蒸冷却器冷却、真空闪蒸分离罐分离之后进入水环式真空泵入口。水环式真空泵属容积式泵,即利用容积大小的改变达到吸、排气的目的。如图 5-3 所示,叶轮偏心地装在泵体内,在泵启动前,应向泵内注入少量的水,当叶轮做功进行旋转时,水受离心力的作用,在泵体内壁上形成旋转水环,水环上部内表面与轮毂相切,并进行旋转,在旋转前半周的过程中,水环内表面逐渐与轮毂脱离,因此在叶轮叶片间形成空间并逐渐扩大,这样就从吸气口吸入气体,在后半周旋转的过程中,水环内表面渐渐与轮毂靠近,叶片间的容积随之缩小,叶片间的容积发生改变,每个叶片间的水就像活塞一样反复一次,如此循环,泵就连续不断地抽吸气体。

(2)异常工况分析

① 真空泵运行电流过高而过载跳车。

原因分析:a. 真空泵补水量过大;b. 真空泵分离罐、冷却器、真空

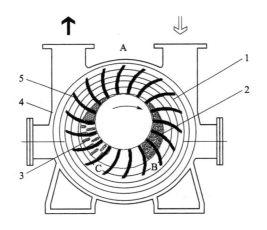

图 5-3　水环式真空泵简图

1—水环；2—吸气口；3—排气口；4—泵体；5—叶轮

泵内部结垢，排水不畅，真空泵内水环水量大。

处置措施：a. 检查更换补水程控阀；b. 定期清理分离罐、冷却器、真空泵以保证内循环系统正常运行，分离罐、冷却器、真空泵排污手阀保持一定开度，对系统水质进行置换，延缓结垢。

② 真空泵电流低。

原因分析：a. 泵内水环水量不足；b. 真空泵阀板脱落；c. 真空系统存在漏点；d. 入口温度过高。

处置措施：a. 开大补水阀，关小排水阀，并检查内循环系统是否堵塞；b. 拆检真空泵阀板；c. 检查真空系统，消除漏点，必要时可进行微正压查漏；d. 入口气体温度高于60℃时打开真空泵入口喷淋水降温。

③ 真空泵振动、异响严重。

原因分析：a. 真空泵真空度过高时对应的沸点低于液体温度，导致真空泵内部液体沸腾，引起真空泵振动和异响严重；b. 轴承损坏，导致轴窜动，叶轮与分配板摩擦刮蹭。

处置措施：a. 将泵入口喷淋阀打开，使入口酸性气降温；b. 泵入口旁路阀保留一定开度，避免真空度过高；c. 真空泵检修时，保证叶轮与端盖单面间隙在0.25～0.35mm之间，两端总间隙为0.5～0.7mm。

19. 润滑油有什么代用原则？

答：必须正确选用润滑油，避免代用。但在实际使用中，碰到一时无合适的润滑油，需要代用时要遵循以下原则：

① 尽量选用同类油品或性能相近、添加剂类型相似的油品。

② 黏度要相当，以不超过原用油黏度的±25％为宜，一般情况下，可采用黏度稍大的润滑油代替，但精密机床用液压油，轴承油则选用黏度稍低些的。

③ 质量应以高代低，即选用质量高一档的油品代用，这样对设备润滑比较可靠。

④ 要考虑环境温度和工作温度。对于工作温度变化大的机械设备，代用油的黏温性要好一些；对于低温工作的机械，选择代用油的凝点要低于工作温度10℃以下，而对于高温工作的机械，则要考虑代用油的闪点要高一些，氧化安定性也要满足使用要求。

20. 什么是"三级过滤"及"五定"润滑制度？

答：（1）三级过滤

化验合格的油品在用到润滑部位以前，一般要经过几次容器的倒换。每倒换一次容器都要求有一次过滤以杜绝杂质，在化工厂中这种过滤一般都在三次或三次以上，故称为三级过滤。

（2）五定制度

包括定点、定质、定量、定时、定期。

① 定点。现代机械设备中，都有规定的润滑部位、润滑点，并配有油孔、油标、油槽、油泵、油箱等各种加油装置。每个操作人员必须熟悉

这些加油部位，按规定的地点加油，不得在其他部位加油。

② 定质。要根据不同的机型选择合适的油品和代用油品，在用油过程中要保证油品质量合格和清洁无杂质。禁止乱用油或用变质、不干净的油。用质量优于规定用油作为代用油会造成浪费，用质量劣于规定用油作为代用油则损坏设备，这两种现象都不符合定质的要求。

③ 定量。每台设备都应该有消耗定额，即规定每台设备每日、每月、每季、每年的耗油量。耗油量超过规定要查明原因，改变现状，力求节约。耗油量低于定额也是不合格现象，会损坏设备，同样应该查明原因，及时处理。

④ 定时。按照规定的时间给设备加油，是保证设备及时得到良好润滑的有效手段，可避免长期不加油或不必要的常加油等不合格现象。有的机型部分部位可能要求几个小时加一次；有的可能要求几天、几月甚至一年加一次。不同设备有不同的要求，加油时间也不同，要分别对待，认真按规定执行。

⑤ 定期。定期对加油部位进行清扫。当设备工作一段时间后，因为设备的磨损和油品在使用中的逐渐变质，都会影响润滑效果，所以在一定时期以后必须将润滑部位进行清洗，更换新油。在更换过程中，将残存在各注油部位的油污、杂质全部清除掉，并且用洗油洗净、拭干，再用新润滑油冲洗一遍后拭干，然后注入新油，这样才能保持良好的润滑状态。如果油品用一两天就变质，应查明原因，而不应用"勤换油"的办法，以免造成浪费。

21. 常用阀门有哪些分类？

答：阀门的用途广泛，种类繁多，分类方法也比较多，总体可分两大类：

第一类自动阀门：依靠介质（液体、气体）本身的能力而自行动作的阀门，如止回阀、安全阀、调节阀、疏水阀、减压阀等。

第二类驱动阀门：借助于外力，如电动、液动、气动来操纵动作的阀门，如闸阀、截止阀、节流阀、蝶阀、球阀、旋塞阀等。

此外，阀门的分类还有以下几种方法：

（1）按结构特征分类

根据关闭件相对于阀座移动的方向可分为：

① 截门形：关闭件沿着阀座中心方向移动。

② 闸门形：关闭件沿着垂直于阀座中心方向移动。

③ 旋塞和球形：关闭件是柱塞或球，围绕本身的中心线旋转。

④ 旋启形：关闭件围绕阀座外的轴旋转。

⑤ 蝶形：关闭件的圆盘围绕阀座内的轴旋转。

⑥ 滑阀形：关闭件在垂直于通道的方向滑动。

（2）按用途分类

根据阀门的不同用途可分为：

① 开断用：用来接通或切断管路介质，如截止阀、闸阀、球阀、蝶阀等。

② 止回用：用来防止介质倒流，如止回阀。

③ 调节用：用来调节介质的压力和流量，如调节阀、减压阀。

④ 分配用：用来改变介质流向、分配介质，如三通旋塞、分配阀、滑阀等。

⑤ 保证安全用：在介质压力超过规定值时，用来排放多余的介质，保证管路系统及设备安全，如安全阀、事故阀等。

⑥ 特殊用途：如疏水阀、放空阀、排污阀等。

（3）按驱动方式分类

根据不同的驱动方式可分为：

① 手动：借助于轮、手柄、杠杆或链轮等，由人力驱动，传动较大力矩时，装有蜗轮、齿轮等减速装置。

② 电动：借助电机或其他电气装置来驱动。

③ 液动：借助水、油来驱动。

④ 气动：借助压缩空气来驱动。

（4）按压力分类

根据阀门的公称压力可分为：

① 真空阀：绝对压力＜0.1MPa 即 760mm 汞柱高的阀门，通常用毫米汞柱（mmHg）或毫米水柱（mmH$_2$O）表示压力。

② 低压阀：公称压力 PN≤1.6MPa 的阀门（包括 PN≤1.6MPa 的钢阀）。

③ 中压阀：公称压力 PN 在 2.5～6.4MPa 之间的阀门。

④ 高压阀：公称压力 PN 在 10.0～80.0MPa 之间的阀门。

⑤ 超高压阀：公称压力 PN≥100.0MPa 的阀门。

（5）按介质的温度分类

根据阀门工作时的介质温度可分为：

① 普通阀门：适用于介质温度－40～425℃的阀门。

② 高温阀门：适用于介质温度 425～600℃的阀门。

③ 耐热阀门：适用于介质温度 600℃以上的阀门。

④ 低温阀门：适用于介质温度－40～150℃的阀门。

⑤ 超低温阀门：适用于介质温度 150℃以下的阀门。

（6）按公称直径分类

根据阀门的公称直径可分为：

① 小口径阀门：公称直径 DN＜40mm 的阀门。

② 中口径阀门：公称直径 DN 在 50～300mm 之间的阀门。

③ 大口径阀门：公称直径 DN 在 350～1200mm 之间的阀门。

④ 特大口径阀门：公称直径 DN 在 1400mm 之间的阀门。

（7）按与管道连接方式分类

根据阀门与管道连接方式可分为：

① 法兰连接阀门：阀体带有法兰，与管道采用法兰连接的阀门。

② 螺纹连接阀门：阀体带有内螺纹或外螺纹，与管道采用螺纹连接的阀门。

③ 焊接连接阀门：阀体带有焊口，与管道采用焊接连接的阀门。

④ 夹箍连接阀门：阀体上带有夹口，与管道采用夹箍连接的阀门。

⑤ 卡套连接阀门：采用卡套与管道连接的阀门。

22. 闸阀有哪些优缺点及分类？

答：（1）闸阀的优缺点

闸阀是指关闭件（闸板）沿通路中心线的垂直方向移动的阀门。闸阀在管路中主要作切断用。闸阀是使用很广的一种阀门，一般DN≥50mm的切断装置都选用它，有时口径很小的切断装置也选用闸阀。

闸阀有以下优点：

① 流体阻力小。

② 开闭所需外力较小。

③ 介质的流向不受限制。

④ 全开时，密封面受工作介质的冲蚀比截止阀小。

⑤ 形状比较简单，铸造工艺性较好。

闸阀也有以下不足之处：

① 外形尺寸和开启高度都较大，安装所需空间较大。

② 开闭过程中，密封面间有相对摩擦，容易引起擦伤。

③ 闸阀一般都有两个密封面，加工、研磨和维修相对困难。

(2) 闸阀的种类

按闸板的构造可分为：

① 平行式闸阀。密封面与垂直中心线平行，即两个密封面互相平行的闸阀。在平行式闸阀中，以带推力模块的结构最为常见，即在两闸板中间有双面推力模块，这种闸阀适用于低压中小口径（DN40～300mm）管道。也有在两闸板间带有弹簧结构的，弹簧能产生预紧力，有利于闸板的密封。

② 楔式闸阀。密封面与垂直中心线成某种角度，即两个密封面成楔形的闸阀。密封面的倾斜角度一般有 2°52′、3°30′、5°、8°、10°等，角度的大小主要取决于介质温度的高低。一般工作温度愈高，所取角度应愈大，以减小温度变化时黏住的可能性。在楔式闸阀中，又有单闸板、双闸板和弹性闸板之分。单闸板楔式闸阀结构简单，使用可靠，但对密封面角度的精度要求较高，加工和维修较困难。双闸板楔式闸阀在水和蒸汽介质管路中使用较多。它的优点是对密封面角度的精度要求较低，密封面磨损时，可以加垫片补偿。但这种结构零件较多，在黏性介质中易黏结，影响密封，更主要是上、下挡板长期使用易产生锈蚀，闸板容易脱落。弹性闸板楔式闸阀，它具有单闸板楔式闸阀结构简单、使用可靠的优点，又能产生微量的弹性变形来弥补密封面角度加工过程中产生的偏差，改善工艺性。

按阀杆的构造闸阀可分为：

① 明杆闸阀。阀杆螺母在阀盖或支架上，开闭闸板时，用旋转阀杆螺母来实现阀杆的升降。这种结构对阀杆的润滑有利，开闭程度明显，因此被广泛采用。

② 暗杆闸阀。阀杆螺母在阀体内，与介质直接接触。开闭闸板时，用旋转阀杆来实现。这种结构的优点是闸阀的高度总保持不变，因此安装空间小，适用于大口径或安装空间受限的闸阀。此种结构要装有开闭指示器，以指示开闭程度。这种结构的缺点是阀杆螺纹不仅无法润滑，而且直接接受介质侵蚀，容易损坏。

23. 截止阀有哪些优缺点及分类?

截止阀是关闭件(阀瓣)沿阀座中心线移动的阀门。截止阀在管路中主要作切断用。

(1) 截止阀优缺点

截止阀有以下优点:
① 在开闭过程中密封面的摩擦力比闸阀小,耐磨。
② 开启高度小。
③ 通常只有一个密封面,制造工艺性好,便于维修。

截止阀有以下缺点:
截止阀使用较为普遍,但由于开闭力矩较大,结构长度较长,一般公称直径都限制在DN200mm以下。截止阀的流体阻力损失较大。

(2) 截止阀分类

截止阀的种类很多,根据阀杆上螺纹的位置可分为:
① 上螺纹阀杆截止阀。截止阀阀杆的螺纹在阀体的外面。其优点是阀杆不受介质侵蚀,便于润滑,此种结构采用比较普遍。
② 下螺纹阀杆截止阀。截止阀阀杆的螺纹在阀体内。这种结构阀杆螺纹与介质直接接触,易受侵蚀,且无法润滑。这种结构用于小口径和温度不高的地方。

根据截止阀的通道方向,又可分为直通式截止阀、角式截止阀和三通式截止阀,后两种截止阀通常作改变介质流向和分配介质用。

24. 止回阀有哪些优缺点及分类?

止回阀是指依靠介质本身流动而自动开、闭阀瓣,用来防止介质倒流的阀门。

① 升降式止回阀。阀瓣沿着阀体垂直于中心线滑动的止回阀。升降式止回阀只能安装在水平管道上，在高压小口径止回阀上阀瓣可采用圆球。升降式止回阀的阀体形状与截止阀一样（可与截止阀通用），因此它的流体阻力系数较大。

② 旋启式止回阀。阀瓣围绕阀座外的销轴旋转的止回阀。旋启式止回阀应用较为普遍。

③ 蝶式止回阀。阀瓣围绕阀座内的销轴旋转的止回阀。蝶式止回阀结构简单，只能安装在水平管道上，密封性较差。

④ 管道式止回阀。阀瓣沿着阀体中心线滑动的止回阀。管道式止回阀是新出现的一种阀门，它的体积小，重量较轻，加工工艺性好，是止回阀的发展方向之一。但流体阻力系数比旋启式止回阀略大。

25. 球阀有哪些优点及分类？

球阀的关闭件是个球体，球体绕阀体中心线旋转来实现开启、关闭。球阀在管路中主要用来切断、分配和改变介质的流动方向。

（1）球阀的优点

① 流体阻力小，其阻力系数与同长度的管段相等。
② 结构简单、体积小、重量轻。
③ 紧密可靠，密封性好。
④ 操作方便，开闭迅速，从全开到全关只需要旋转90°，便于远距离控制。
⑤ 维修方便，球阀结构简单，密封圈一般都是活动的，拆卸更换都比较方便。
⑥ 在全开或全闭时，球体和阀座的密封面与介质隔离，介质通过时，不会引起阀门密封面的侵蚀。
⑦ 适用范围广，通径小到几毫米，大到几米，从高真空至高压力都

可应用。

(2) 球阀按结构形式分类

① 浮动球球阀。球阀的球体是浮动的，在介质压力作用下，球体能产生一定的位移并紧压在出口端的密封面上，保证出口端密封。浮动球球阀的结构简单，密封性好，但球体承受工作介质的载荷全部传给了出口密封圈，因此要考虑密封圈材料能否经受得住球体介质的工作载荷。这种结构，广泛用于中低压管道或设备。

② 固定球球阀。球阀的球体是固定的，受压后不发生移动。固定球球阀都带有浮动阀座，受介质压力后，阀座发生移动，使密封圈紧压在球体上，以保证密封。通常在球体的上、下轴上装有轴承，操作扭矩小，适用于高压和大口径的管道或设备。为了减少球阀的操作扭矩和增加密封的可靠程度，近年来又出现了油封球阀，即在密封面间压注特制的润滑油，以形成一层油膜，既增强了密封性，又减小了操作扭矩，更适用于高压大口径的管道或设备。

③ 弹性球球阀。球阀的球体是弹性的。球体和阀座密封圈都采用金属材料制造，密封比压很大，依靠介质本身的压力已达不到密封的要求，必须施加外力。这种阀门适用于高温高压介质。弹性球体是在球体内壁的下端开一条弹性槽来获得弹性。当关闭通道时用阀杆的楔形头使球体胀开与阀座压紧达到密封。在转动球体之前先松开楔形头，球体随之恢复原形，使球体与阀座之间出现很小的间隙，可以减小密封面的摩擦和操作扭矩。球阀按其通道位置可分为直通式、三通式和直角式，后两种球阀用于分配介质与改变介质的流向。

26. 蝶阀有哪些特点及分类？

蝶阀是蝶板在阀体内绕固定轴旋转的阀门。

(1) 蝶阀的分类

根据连接方式可分为法兰式、对夹式。

根据密封面材料可分为软密封式、硬密封式。

根据结构形式可分为板式、斜板式、杠杆式。

(2) 蝶阀的特点

① 结构简单，外形尺寸小。由于结构紧凑，结构长度短，体积小，重量轻，适用于大口径的阀门。

② 流体阻力小，全开时，阀座通道有效流通面积较大，因而流体阻力较小。

③ 启闭方便迅速，调节性能好，蝶板旋转 90°，即可完成启闭。通过改变蝶板的旋转角度可以分级控制流量。

④ 启闭力矩较小，由于转轴两侧蝶板受介质作用基本相等，而产生转矩的方向相反，因而启闭较省力。

⑤ 低压密封性能好，密封面材料一般采用橡胶、塑料，故密封性能好。受密封圈材料的限制，蝶阀的使用压力和工作温度范围较小。但硬密封蝶阀的使用压力和工作温度范围都有了很大的提高和扩大。

(3) 蝶阀的结构

蝶阀主要由阀体、蝶板、阀杆、密封圈和传动装置组成。

① 阀体呈圆筒状，上下部分各有一个圆柱形凸台，用于安装阀杆。蝶阀与管道多采用法兰连接，如采用对夹连接，其结构长度最小。

② 阀杆是蝶板的转轴，轴端采用填料函密封结构，可防止介质外漏。阀杆上端与传动装置直接相接，以传递力矩。

③ 蝶板是蝶阀的启闭件。

27. 安全阀常用术语及分类？

安全阀是防止介质压力超过规定数值起安全保护作用的阀门。安全阀在管路中，当介质工作压力超过规定数值时，阀门便自动开启，排放出多余介质；而当工作压力恢复到规定值时，又自动关闭。

（1）安全阀常用的术语

① 开启压力：当介质压力上升到规定压力数值时，阀瓣便自动开启，介质迅速喷出，此时阀门进口处压力称为开启压力。

② 排放压力：阀瓣开启后，如设备管路中的介质压力继续上升，阀瓣应全开，排放额定的介质排量，这时阀门进口处的压力称为排放压力。

③ 关闭压力：安全阀开启，排出了部分介质后，设备管路中的压力逐渐降低，当降低到小于工作压力的预定值时，阀瓣关闭，开启高度为零，介质停止流出，这时阀门进口处的压力称为关闭压力，又称回座压力。

④ 工作压力：设备正常工作中的介质压力称为工作压力。此时安全阀处于密封状态。

⑤ 排量：在排放介质阀瓣处于全开状态时，从阀门出口处测得的介质在单位时间内的排出量，称为阀的排量。

（2）安全阀的种类

根据安全阀的结构可分为：

① 重锤（杠杆）式安全阀。用杠杆和重锤来平衡阀瓣的压力。重锤式安全阀靠移动重锤的位置或改变重锤的重量来调整压力。它的优点在于结构简单；缺点是比较笨重，回座压力低。这种结构的安全阀只能用于固定设备上。

② 弹簧式安全阀。利用压缩弹簧的力来平衡阀瓣的压力并使之密封。弹簧式安全阀靠调节弹簧的压缩量来调整压力。它的优点在于比重锤式安全阀体积小、轻便、灵敏度高，安装位置不受严格限制；缺点是作用在阀杆上的力随弹簧变形而发生变化。同时必须注意弹簧的隔热和散热问题。弹簧式安全阀的弹簧作用力一般不要超过200MPa，因为过大过硬的弹簧不适于精确工作。

③ 脉冲式安全阀。脉冲式安全阀由主阀和辅阀组成。主阀和辅阀连在一起，通过辅阀的脉冲作用带动主阀动作。当管路中介质超过额定值时，辅阀首先动作带动主阀动作，排放出多余介质。脉冲式安全阀通常用于大口径管路上，因为大口径安全阀不适合采用重锤式或弹簧式。

根据安全阀阀瓣最大开启高度与阀座通径之比，又可分为：

① 微启式安全阀。阀瓣的开启高度为阀座通径的 $1/20\sim1/10$。由于开启高度小，对这种阀的结构和几何形状要求不像全启式那样严格，设计、制造、维修和试验都比较方便，但效率较低。

② 全启式安全阀。阀瓣的开启高度为阀座通径的 $1/4\sim1/3$。全启式安全阀是借助气体介质的膨胀冲力，使阀瓣达到足够的高度和排量。它利用阀瓣和阀座的上下两个调节环，使排出的介质在阀瓣和上下两个调节环之间形成一个压力区，使阀瓣上升到要求的开启高度和规定的回座压力。这种结构灵敏度高，使用较多，但上下调节环的位置难以调整。

根据安全阀阀体构造又可分为：

① 全封闭式安全阀。排放介质时不向外泄漏，而全部通过排泄管放掉。

② 半封闭式安全阀。排放介质时，一部分通过排泄管排放，另一部分从阀盖与阀杆配合处向外泄漏。

③ 敞开式安全阀。排放介质时，不引到外面，直接由阀瓣上方排泄。

28. 循环风机液力耦合器过热的原因是什么？如何处理？

答：原因：
① 油冷器循环冷却水量不足。
② 箱体存油过多或过少。
③ 油泵滤芯堵塞。
④ 转子泵损坏打不出油。
⑤ 安全阀溢流过多，弹簧太松，密封损坏泄油。
⑥ 油路堵塞。

处理方法：
① 全开油冷器循环冷却水上回水手阀。
② 调节箱体油量至规定值。
③ 油泵进行倒泵，清洗油泵滤芯。
④ 换转子泵内外转子。
⑤ 安全溢流阀上紧弹簧，更换密封件。
⑥ 排查油管路，将堵塞部位疏通、清洗。

29. 称重给煤机常见的故障有哪些？

答：① 称重给煤机皮带打滑、空转。
② 称重给煤机进料口卡矸石。
③ 清扫链过载跳车或拉断。
④ 称重给煤机皮带破损或拉断。
⑤ 称重给煤机过载跳车。

30. 磨机震动时应如何调整？

答：① 首先将磨机磨辊抬起进行确认。

② 提高称重给煤机负荷或减小循环风量进行调整。

③ 落下磨辊，重新观察磨机震动情况并进行调节。

④ 如有磨机内件脱落或磨机内进入大块金属物件，磨机拉杆震动会有周期性大幅度波动，应及时停车进行确认。

31. 磨机润滑油泵打不上压的原因是什么？如何处理？

答：原因：

① 润滑油泵出口滤网堵塞。

② 润滑油泵故障。

③ 油箱油位、油温太低（油加热器故障）。

处理方法：

① 停磨机，清理油泵出口滤网。

② 检修润滑油泵。

③ 油箱加油至正常油位，检查、维修油加热器。

32. 备用泵日常如何维护？

答：① 确认设备整洁，外表无灰尘、油垢，周围地面无积水、废液。

② 确认润滑油油质、油位正常。

③ 定期盘车，防止泵轴长期静置发生弯曲。

④ 定期检查确认各冷却水、密封水保持畅通。

⑤ 联系电气人员定期检查电机绝缘。

⑥ 冬季确认泵出口暖泵线打开。

⑦ 自启动泵确认将操作柱打至"远程",中控投"备妥信号"。

33. 捞渣机电流波动大或跳车的原因是什么？如何处理？

答：原因：

① 发生捞渣机刮板倾斜、刮板掉落、链条断开等故障。

② 捞渣机渣斗插板阀未及时打开放渣，造成头轮处渣量大。

③ 气化炉排渣量大，捞渣机过载。

④ 捞渣机头轮电机故障或头轮跳齿。

⑤ 捞渣机链条太松或太紧。

处理措施：

① 气化炉降负荷，切换备用捞渣机，故障捞渣机交出检修。

② 打开捞渣机插板阀，将渣斗内积渣排尽。

③ 缩短渣锁斗收渣时间，少量多次排渣。

④ 切换备用捞渣机，检修头轮电机或链齿。

⑤ 调节捞渣机链条张紧度。

34. 列管式换热器哪些流体宜走管程？哪些流体宜走壳程？

答：（1）一般情况下列流体宜走管程

① 不洁净且易结垢的流体宜走管程，便于管内清洗。

② 腐蚀性介质宜走管程，以免管束和壳体同时被腐蚀。

③ 压强高的流体宜走管程，以免壳体承受高压力。

④ 需要提高流速以增大其对流传热系数的流体宜走管程。

（2）一般情况下列流体宜走壳程

① 饱和蒸汽宜走壳程，因饱和蒸汽较洁净，且传热系数与流速无关，并且冷凝液易排出。

② 被冷却的流体宜走壳程，便于散热。

③ 若冷热流体温差较大，对于刚性结构的换热器，宜将冷热系数大的流体通过壳程传送，以减少热应力。

④ 黏度大的流体一般以走壳程为宜，因壳程中雷诺数 $Re>100$ 即可达到湍流。

35. 沉降槽转耙是怎样自动控制的？

答：沉降槽转耙具有可升降和过载保护的特点。在自动状态下，按下启动按钮，转耙主电机启动，转耙正常运行。当刮泥阻力过大，达到额定扭矩的 85% 时，提升装置启动，当阻力小于额定扭矩的 85% 时，提升电机停，转耙不再上升，当阻力达到额定扭矩的 100% 时，主电机停车，转耙提至最大高度，并向集中控制室外报警。

36. 真空带式过滤机由哪几部分组成？其工作原理是什么？

答：真空带式过滤机由过滤机主机、管路系统和电控系统组成。其中，过滤机主机由橡胶滤带、真空盒驱动辊、洗涤装置、机架、刮刀装置、托辊和滤布及滤布调偏装置等组成。

其工作原理是环形胶带由电机经减速机拖动连续运行，滤布敷设在胶带上与之同步运行，胶带与真空室滑动接触，当真空室接通真空系统时，在胶带上形成真空抽滤区。料浆由布料器均匀布在滤布上，在真空泵的抽滤作用下，滤液穿过滤布，经胶带上的横沟槽汇总，并由小孔进入真空箱。固相被截留在滤布上形成滤饼，随胶带移动而脱水，然后在卸滤饼辊处卸出。液相从真空箱被吸至过滤机真空分离罐，分离自流至滤液罐。卸除滤饼的滤布用水清洗再生后，经一组支承辊和纠偏装置调整后，重新进入过滤区。

37. 常用流量计主要有哪几类？其测量原理是什么？

答：常用流量计主要有差压式流量计、转子流量计、电磁流量计。

① 差压式流量计由节流装置和差压计两部分组成。节流装置的作用是将被测流量转换成差压信号；差压计的作用是将差压信号转换成对应的流量值。差压式流量计是基于流体流动的节流原理，利用流体流经节流装置时产生的压力差来实现对流量的测量。

② 转子流量计是一种定压差流量计。根据锥形管内转子的上升高度来测量流量，它利用流体通过转子和管壁的间隙时产生的压差来平衡转子的质量。流量越大，转子被托起得越高，流道环截面越大，但压差不变。

③ 电磁流量计是利用导电性液体通过磁场时切割磁力线产生感应电动势来工作的。

38. 脉冲布袋式除尘器的工作原理是什么？

答：脉冲布袋式除尘器清灰能力强，能保持较高的过滤风速。每排布袋上部都装有一根喷射管，喷射管上有小喷孔，并与每条除尘布袋中央相对应。喷射管前装有与低压氮气相连的脉冲阀，电磁脉冲阀与气包相连接。控制器按期发出短促的脉冲信号，通过控制阀有序地控制各脉冲阀开启。当脉冲阀开启时（只需 0.1~0.12s），与脉冲阀相连的喷射管与气包相通，低压氮气从喷射孔中以极高的速度喷出。高速气流附近形成一个相当于自己体积5～7倍的诱导气流，进入布袋内，使布袋剧烈膨胀，引起冲击振动。同时在瞬时内，产生由内向外的逆向气流，将粘在布袋外表面及吸入布袋内部的粉尘吹扫下来。吹扫下来的煤粉落入下部箱体—集灰斗内，最后经卸料器排出。各排布袋依次轮流得到清灰，待一周期后，又重新开始轮流。含尘气体由进风口进入装有若干布袋的中部箱体内，经由布袋排风口排出。布袋通过袋笼固定在花孔板上。

39. 破渣机由哪些主要部件组成？

答：破渣机主要由主机和液压动力装置组成。液压动力装置的液压马达通过联轴器与破渣机转轴相连，驱动破渣机转轴匀速转动，进而通过转动刀体和移动滑板破碎气化炉中产生的大块渣。液压动力装置采用高压柱塞油泵把液压油打入系统压力腔，通过调压后进入液压马达，油系统采用闭路循环。

破渣机主机由容器、粉碎刀架体、轴系、驱动机构和管路系统五大部分组成。

容器是破渣机主机的主体部分，它承受着破渣机工作过程中所有的压力，并为主机的其他部分提供安装依托，其上端与气化炉底部相连，下端与渣锁斗相连。破渣机设计处理物流量：水 41kg/s、渣 2.8kg/s（最大 4.4kg/s）。

粉碎刀架体主要分为移动滑板和转动刀体两部分，另外还包含起导流作用的滑板、挡板等。移动滑板安装在容器内部的支架上，它与转动刀体组成了破渣机的破碎单元，属于破碎单元的静止部分。移动滑板上的刀架板共有九个，两两之间形成一过流通道，共形成八个过流通道。转动刀架体安装在轴上，相邻的两刀体之间有45°的周向错移，属于破碎单元的运动部分。当轴转动时，带动八个转动刀体刚好穿过由刀架体形成的八个过流通道，不断地将滞留在动静刀之间的大块炉渣破碎。为提高动静刀的使用寿命，在其工作面和侧面上各堆焊了5mm和2.5mm厚的硬质合金。

驱动结构主要由移动滑板、连杆、十字联轴节、驱动杆、电动执行机构、密封及冲洗系统组成。移动滑板驱动机构的开、关控制由幸克罗帕克（syncropak）1410-50 执行机构和 DCS 系统实现，设有手动和自动控制两种状态。破渣机正常工作时移动滑板关闭，当轴系停止转动时移动滑板打开，使移动滑板和刀架体拉开不小于 200mm 的距离，将杂物直接排出破渣机，保证系统的安全运行。

40. 破渣机液压系统故障原因是什么？如何处理？

答：（1）动力装置无法启动

原因：电动机主电压不足或者电源缺相；控制系统故障；其他启动条件不足。

处理方法：检查供电网；检查动力装置的控制系统，若控制系统发生故障排查原因并处置；检查相关的控制联锁条件是否满足正常启动条件。

（2）马达不转

原因：管路气泡多，液流不稳定，无法产生足够的启动压力；管路阀门故障；无控制信号。

处理方法：液压泵空转运行一段时间，充分排气；检查电磁阀及相关接线、插装阀是否有故障；检查控制功能模块。

（3）噪声异常

原因：油管不通；泵连续吸气；油箱上的空气滤清器堵塞；联轴器中的弹性件磨损；泵磨损。

处理方法：检查吸油管球阀是否全开，检查油管是否有拐角等导致油路不畅的因素；通过检查管接头上是否漏油并倾听泵内声的变化来判断油泵的吸油管是否漏气；泵空载运转一段时间，将管路原有气体充分排出；

更换油箱上的空气滤清器滤芯；更换联轴器中的弹性件；更换泵或维修泵。

（4）油系统内无压

原因：动力装置不供油；电磁溢流阀阀芯卡涩。

处理方法：泵旋向错误，更换电机相线，改变旋向；清洗并修理电磁溢流阀。

（5）油温过高

原因：冷却管道阀门未打开或冷却流量不足造成冷却性能差。

处理方法：全开冷却管道上回水阀增加冷却流量；检查冷却器及管路是否堵塞充气并排气。

CHAPTER
06

第六章
电气与仪表基础知识

电气和仪表是煤气化装置的脉络，控制着装置安全稳定运行，本章通过问答形式介绍了电气和仪表的生产操作知识、部分设备的使用方法及注意事项。

1. 设备停、送电如何操作？

答：① 停电操作：低压馈线停电应先断开负荷侧断路器（开关），再断开电源侧断路器（开关）。

② 送电操作：低压馈线送电应先合上电源侧断路器（开关），再合上负荷侧断路器（开关），严禁带负荷停送低压馈线。

2. 电气系统钥匙上的标识牌采用什么颜色区分？

答：① 白色表示变配电站门锁钥匙。
② 红色表示电气设备钥匙。
③ 蓝色表示五防锁钥匙。
④ 黄色表示其他钥匙。

3. 什么是设备过电流保护？

答：当线路上发生短路时，线路中的电流急剧增大，当电流超过某一数值时，反应于电流升高而动作的保护装置叫过电流保护。

4. 电气照明回路容量和灯数不可超过多少？

答：电气照明回路容量一般不超过 3kW，15A 灯头数在 20 盏以内

（包括插销），室外一般以 10 盏为宜。

5. 触电急救的注意事项包括哪些？

答：人员触电后，应第一时间脱离电源。脱离电源就是要把触电者接触的那一部分带电设备的所有断路器（开关）、隔离开关（刀闸）或其他断路设备断开，或设法将触电者与带电设备脱离开。在脱离电源过程中，救护人员也要注意保护自身的安全。如触电者处于高处，应采取相应措施，防止该伤员脱离电源后自高处坠落形成复合伤。

6. 检修时若需将设备试加工作电压，应按哪些条件进行？

答：① 全体工作人员撤离工作地点。
② 将该系统的所有工作票收回，拆除临时遮栏、接地线和标示牌，恢复常设遮栏。
③ 在工作负责人和运行人员全面检查无误后，由运行人员进行加压试验。

7. 电气设备哪些情况应加挂机械锁？

答：① 未装防误操作闭锁装置或闭锁装置失灵的刀闸手柄和网门。
② 当电气设备处于冷备用，网门闭锁失去作用时的有电间隔网门。
③ 设备检修时，回路中所有来电侧刀闸的操作手柄。

8. 电气运行方式调整的基本原则有哪些？

答：① 保证系统的安全性、可靠性。
② 保证保护配置的有效性。
③ 尽量使环流小且合环时间短。
④ 保证消弧线圈及无功容量的匹配。
⑤ 保证倒闸操作量少。
⑥ 具备快切装置倒闸操作条件，使用快切装置完成倒闸操作。

9. 电气及其操作控制系统调整试验包括哪些内容？

答：① 空开模拟试验。
② 热元件保护试验。
③ 联锁试验。
④ 电机试运转。

10. UPS 技术要求有哪些？

答：不间断供电系统（UPS）操作模式分为正常操作模式、停电操作模式、备用电源操作模式、维护旁路操作模式。

① UPS 装置由输入隔离变压器、整流器、逆变器、输出隔离变压器、静态旁路开关、手动检修旁路开关、逆止二极管、旁路隔离变压器、旁路调压器和馈线屏等组成。
② UPS 装置运行环境温度 0～40℃。
③ UPS 装置具有保护和限制功能以及自诊断功能。
④ 当 UPS 输入电源消失或整流器故障时，静态旁路开关切换时间不

大于4ms。

11. 什么是UPS备用电源模式？

答：① 当逆变器发生异常状况，如过激磁的冲击或过负荷。

② 逆变器输出电压异常或负载超载、短路等情形，而超出逆变器可承受范围时。

③ 逆变器保险丝熔断，元件温度过高或出现短路现象。

④ 逆变器会自动切断以防止损坏，若此时旁路交流电源正常，静态开关会将电源供应转为由旁路备用电源输出给负载使用。

12. 什么是UPS正常操作模式？

答：① 在正常交流电源供应下，整流器将交流电转换为直流电后，供电给逆变器并同时给电池充电。

② 在将交流电整流为直流电时，整流器能将市电中的异常突波、噪声及频率不稳定等问题消除，使逆变器提供更稳定的电源给负载。

13. UPS系统运行中应做哪些检查？

答：① 检查UPS系统室内是否正常。

② 检查UPS系统各装置运行状态指示灯指示正常，无故障报警。

③ 检查UPS系统的各个参数（电压、电流、频率）正常，并在规定范围内。

④ 检查柜内各元件无异声和异味。

⑤ 检查各柜门关好。

⑥ 检查各柜的冷却风扇运行正常，无异声。

14. UPS 的切换原则是什么？

答：① UPS 采用优先直流模式，即整流器输出电压低后优先切换至直流电源。

② 当 2 台 UPS 处于并联运行状态时，它们始终保持相同运行方式，只要任一台运行方式改变，另一台也自动切换到相同方式。

③ 当 2 台 UPS 处于并联运行状态时，如果一台 UPS 的工作电源故障或整流器故障，该台 UPS 不会切换到直流电源，而是由另一台 UPS 带 100% 负荷。此时当另一台 UPS 的工作电源或整流器也故障，则 2 台 UPS 同时切换到直流电源，当直流电源的电压低于设定值时，则 2 台 UPS 同时切换到旁路电源经静态开关带负荷。

④ 当 2 台 UPS 处于并联运行状态时，如果一台 UPS 的逆变器故障，该台 UPS 不会切换到旁路电源经静态开关带负荷，而是由另一台 UPS 带 100% 负荷。

15. 电动机检修后绝缘测试标准有哪些？

答：电动机检修后应测量绕组绝缘电阻，1kV 以下电动机使用 1kV 兆欧表摇测绕组对地绝缘值不低于 $0.5M\Omega$；1kV 以上电动机应使用 2.5kV 兆欧表摇测电动机绝缘值，1kV 及以上电动机摇测定子绕组不应低于 $1M\Omega/kV$，转子绕组对地绝缘值不应低于 $0.5M\Omega/kV$，吸收比≥1.3。

16. 电气设备防火安全检查有哪些主要内容？

答：① 设备的使用情况，有无异常现象。

② 熔断器是否符合电气设备安全要求，有无用铜丝、铅丝代替。

③ 是否存有违章安装使用电焊机、电热器具、照明器等现象。

④ 电气设备的接地、短路等保护装置是否合格，是否存在超负荷运行现象。

⑤ 检查避雷器锈蚀程度、有无裂纹，引线是否完好，触点是否松动。

⑥ 检查设备静电连接是否齐全、可靠。

17. 造成断路器合闸失灵的电气原因有哪些？

答：① 操作保险或合闸保险熔断。

② 操作把手、防跳中间继电器、合闸线圈和辅助接点等接触不良。

③ 合闸回路断线或接触不良。

④ 直流电压过低。

⑤ 液压回路微动开关故障。

⑥ 继电器接点未打开。

⑦ 电气闭锁接触不良。

⑧ 操作把手返回过早。

18. 什么是仪表测量点、一次元件、一次仪表、二次仪表？

答：① 仪表测量点（一次点）指检测系统或控制系统中，直接与工艺介质接触的点。如压力检测系统中的取压点，温度检测系统中的热电偶、热电阻安装点等。一次点可以在工艺管道上，也可以在工艺设备上。

② 一次元件（传感器）指安装在现场且与工艺介质相接触的元件，如热电偶、热电阻等。

③ 一次仪表是现场仪表的一种，指安装在现场且直接与工艺介质相

接触的仪表，如弹簧管压力表、双金属温度计、差压变送器等。

④ 二次仪表指接受由检测元件、传感和变送器等送来的电或气信号，并指示所检测的过程工艺参数量值的表计。二次仪表的输入信号通常为变送器变换的标准信号。二次仪表接受的标准信号一般有三种：气动信号、Ⅱ型电动单元组合仪表信号、Ⅲ型电动单元组合仪表信号。

19. 什么是仪表的二次调校？

答：二次调校指仪表现场安装结束后，控制室配管配线完成而且通过校验后，对整个检测回路或自动控制系统的检验，也是仪表交付正式使用前的一次全面校验。其校验方法通常是在检测环节加一信号，然后仔细观察组成系统的每台仪表是否工作在误差允许范围内。如果超出误差允许范围，又无法找出原因，就要对组成系统的全部仪表重新调试。

20. 孔板方向装反对差压计有什么影响？

答：若把孔板流向装反，则入口处的阻力减小，流量系数增大，差压计指示变小。

21. 气动调节阀阀杆在全行程的 50% 位置，则通过流量是否也在最大流量的 50%？

答：不一定，要以阀的结构特性而定。在阀两端压差恒定的情况下，如果是快开阀，则流量大于 50%；如果是直线阀，则流量等于 50%；如果是对数阀（等百分比阀），则流量小于 50%。

22. 双气缸活塞式调节阀由远程操作改手轮现场操作后要注意什么？

答：必须关闭仪表气源并将两气缸间的平衡阀打开。否则，工艺人员在操作手轮时会感到很吃力，有可能将插在阀杆上的销子卡断，且会损坏调节阀的气缸内件。

23. 用标准节流装置进行流量测量时，流体必须满足什么条件？

答：① 流体必须充满圆管和节流装置，并连续地流经管道。

② 流体必须是牛顿流体，在物理学和热力学上是均匀的、单相的，或者可以认为是单相的。

③ 流体流经节流件时不发生相变。

④ 流体流量不随时间变化或其变化非常缓慢。

⑤ 流体在流经节流件以前，其流束必须与管道轴线平行，不得有旋转流。

24. 阀位开关用在什么场合？

答：阀位开关多用在下述场合：

① 安全联锁系统的紧急切断阀。

② 顺控系统的开关阀。

③ 与开、停车操作有关的调节阀。

25. DeltaV Operate 应用程序以哪两种模式运行？

答：在组态模式中，可用于构建实时流程图。在运行模式中，控制系统操作员在流程日常监控和维护中使用这些画面。

26. 为什么联锁系统用的电磁阀在长期通电状态下工作？

答：① 长期通电，由于电磁振动，可防止生锈或异物侵入，造成卡住，导致动作失灵。

② 平时处于断电状态，难以知道电磁阀工作是否正常。

③ 当发生停电事故时，电磁阀仍能可靠动作。

27. DCS 电源系统出现故障后如何处理？

答：电源系统是 DCS 可靠运行的重要保障，它为控制器和输入/输出（I/O）卡件供电，一般带有冗余，出现故障后：

① 准备好备用电源。

② 如能断电处理，可关闭电源开关，如不能断电处理，必须要注意防止短路，同时要注意直流电正负对应，交流电要同相，否则就可能烧掉电源，造成设备损坏。

③ 投用电源，用万用表检查电源的输出是否正常。

28. SIS 供电怎么进行？

答：安全仪表系统（SIS）供电将接受买方提供的双路的 220V AC UPS（220V 交流电不间断电源）供电，其中一路供电中断，不影响系统正常运行。另外，还将接受一路 220V AC 市电，用于机柜内照明、风扇及插座供电。SIS 提供专门的 24V DC（24V 直流电）冗余电源，用于柜内其他设备及现场仪表回路供电。

29. 发现 I/O 卡件的通道损坏时应如何处理？

答：① 查找空余的通道。
② 更改通道连接线。
③ 更改组态到新的通道。
④ 投用仪表。

30. SIS 中解除联锁的方法有哪些？

答：① 对于 AI（模拟量输入）信号，可根据情况在输入端强制给一个 819～4095 间的值。
② 对于内部变量、报警信号或其他 DI（数字量输入）信号根据情况强制为"0"或"1"。
③ 对于现场电磁阀信号和 DO（数字量输出）信号也可根据情况强制为"0"或"1"。

31. 如何判断 SIS 的通信卡工作正常?

答：SIS 的通信卡件上有 TX（发送）、RX（接收）指示灯，表明该通信与 TRICON 控制器、DCS、工程师站是否在通信，当通信良好时这两个指示灯会闪烁。

32. 校验仪表时，校验点应选多少?

答：应选量程的 0%、25%、50%、75% 以及 100% 进行校验。

33. 电磁阀常见故障有哪些?

答：电磁阀不动作，常见故障有接线松动、线圈断、阀芯卡、阀芯阻塞、无电、电压过低等。处理方法为重新接线、更换线圈、检修阀芯阀套，确保电压达到额定电压的 85% 以上。

34. 节流孔板前的直管段有哪些要求?

答：节流孔板前的直管段长度一般要求 $10D$（D 为管线直径），孔板后的直管段长度一般要求 $5D$，但孔板前的直管段长度最好达到 $30D \sim 50D$，特别是孔板前有泵或调节阀时，测量能更准确。

35. 现场热电偶的常见故障有哪些？如何处理？

答：（1）热电偶指示最大开路或最小开路

处理：检查热电偶是否断线。

（2）热电偶指示偏高或偏低

处理：
① 检查热电偶端子有无松动，并加以紧固。
② 检查热电偶端子是否被腐蚀，如有，则清洁处理或更换端子。
③ 热电偶选用的长度不够，测不到实际温度，应更换热电偶。
④ 热电偶被烧坏，测温点往外移，则更换热电偶。
⑤ 热电偶的套管内进水，应清除积水。

（3）热电偶指示 IOP（输入回路超量程），不正常。

处理：检查热电偶的正、负极性是否接反。

36. 现场变送器如何进行零点迁移？

答：① 迁移前先将量程调至所需值。
② 按测量的下限值进行零点迁移，输入下限对应压力，用零位调整电位器，使输出为 4mA。
③ 复查满量程，必要时进行细调。
④ 若迁移量较大，则先需将变送器的迁移开关（接插件）切换至正迁移或负迁移的位置（由迁移方向确定），然后加入测量下限压力，用零点调整电位器把输出调至 4mA。
⑤ 重复步骤③。

37. SIS 部分下装与完全下装需注意哪些事项？

答：部分下装时只影响修改部分，不影响其他程序，完全下装在下装时需要控制器，只能在停车状态下才可进行。

完全下装时控制器处于停用状态，SIS 所控制的阀门都会失电，处于自身安全状态。所以在完全下装前仪表和工艺人员做好确认，检查所有带压管线、罐等，确保在关停控制器后阀门动作不会造成安全事故。

38. 操作站电脑或服务器死机时如何处理？

答：① 复位或停电。
② 在其他操作站查看实时记录或维护记录及 LED 故障指示灯和故障代码，找出故障原因并进行相应的处理。
③ 检查 CPU（中央处理器）和内存是否超负荷，可清理磁盘和关闭无用程序消除故障。
④ 检查电脑是否中病毒，用正版杀毒软件查杀毒。
⑤ 检查室内温度和主机箱内温度是否过高，改善通风通道，操作空调降低室内温度。

39. 气闭单座程控阀频繁无法全关的原因有哪些？

答：① 阀芯、阀座磨损严重。
② 阀芯与阀座间有异物卡住。
③ 调节器膜头漏气。
④ 零点弹簧预紧力过大。

⑤ 阀杆太短。
⑥ 调节阀前后压差过大。
⑦ 带阀门定位器时，须检查定位器输出是否已达到最大值。

40. DCS的联锁解除与单点强制要注意哪些操作？

答：DCS的联锁解除，艾默生系统在面板联锁栏后打"√"解除。DCS系统单点强制统一在详细面板上I/O仿真，不得进入程序进行强制。带控制回路的单点应将回路打手动后再进行强制操作。

41. 装置运行中仪表排污作业时应注意哪些事项？

答：① 操作前先要熟知被测介质物理化学特性、运行温度，清楚联锁和控制。

② 操作前要再次与中控人员联系确认告知准备作业，再次确认位号，确认联锁解除，回路打手动等。

③ 排污前确认现场较近位置没有可燃有毒检测器，避免排污介质扩散导致误报警。

④ 三重化重要仪表测点要逐台排污，严禁三台表同时排污。

⑤ 操作时要站在上风向，排放易燃易爆、腐蚀性、有毒液体介质要进行收集处理，严禁就地排放。

⑥ 易燃易爆介质操作要使用防爆工器具，三阀组用手操作，严禁使用扳手过度开关阀组。

⑦ 排污过程中要正确操作三阀组，严禁出现变送器膜盒单相受压现象。

⑧ 排污作业完成后观察仪表指示正常后恢复联锁、控制投用。

42. 阀门定位器的作用有哪些?

答：① 改善调节阀的静态特性，提高阀门位置的线性度。

② 改善调节阀的动态特性，减少调节性好的传递滞后。

③ 改善调节阀的流量特性。

④ 改变调节阀对信号压力的响应范围，实现行程控制。

CHAPTER 07

第七章
应急处置

煤气化装置生产运行过程中会出现各类异常工况，为了安全、快速、规范处置，必须预设发生原因及处置措施，本章通过问答形式介绍了常见异常工况的应急处置措施。

1. 煤灰分变化时如何处置？

答：（1）煤灰分对气化装置的影响

煤灰分对气化反应存在很大的不利影响，主要体现在以下4个方面：

① 气化炉采用以渣抗渣的水冷壁结构。若灰分含量过低，气化炉热损高，水冷壁挂渣少甚至无法形成挂渣，不利于水冷壁的抗渣保护，进而影响气化炉水冷壁的使用寿命。若灰分含量过高，排渣量大，渣系统负荷大。

② 灰分是煤中不直接参与气化反应的惰性物质，但煤灰的熔融却要消耗气化反应过程中的大量热量。同时灰分含量过高时由于少量碳的表面被煤灰覆盖或包裹，气化剂与碳表面的直接接触面积减小，极大降低了气化效率，气化装置的各项物料消耗也随之增加，见表7-1；同时煤灰分含量的升高将增大炉渣的排出量，随炉渣排出的碳损失量也必然增加。

表7-1 煤灰分增大时部分指标变化数据

序号	捞渣机电流/A	投煤量/(t/h)	氧量/(m³/h)	有效气流量/(m³/h)	比氧耗/[m³/1000m³(H_2+CO)]	比煤耗/[kg/1000m³(H_2+CO)]
1	15	83	41900	138000	304	601
2	16	83	42100	136100	309	610
3	18	83	42400	132500	320	626
4	20	80	40850	126200	324	634

注：因煤灰分无法实时检测，但同样投煤量下捞渣机电流的变化可迅速反映煤灰分的变化，捞渣机电流高，气化炉排渣量大，煤灰分多。

③ 灰分含量越高，渣量越大，气化炉以及除渣系统的负荷越重，灰

水水质越差,对管道以及设备的磨蚀也越严重,极大制约气化炉的长周期稳定运行,严重时会造成气化炉停车。

④ 在干煤粉气化的实际运行过程中,只能通过运行参数的变化来推断煤质的变化,进而进行相应调整,存在滞后性。尤其当煤灰分含量波动频繁时,入炉氧量几乎无法及时有效调节,将会导致氧煤比偏高或偏低,进一步造成冷煤气效率的降低或下渣口堵塞。

(2) 煤灰分波动时的应急处置

① 当灰分变大时

现象:排渣量增大,捞渣机运行电流增大;合成气中甲烷含量降低,二氧化碳含量降低,水冷壁总热损降低,下渣口热损升高(若灰分含量过高,下渣口热损降低)。

处理措施:

a. 在捞渣机自身设备正常的情况下,当气化炉排渣后,捞渣机电流涨幅每超过基础电流的20%,对应气化炉降10%负荷调整。调整负荷后监控气化炉排渣情况,若捞渣机内的积渣仍无法刮干净,结合剩余渣量情况,气化炉继续降5%~10%负荷调整;若无法刮干净,再继续降低气化炉负荷,直至捞渣机电流下降方可逐步恢复负荷。

b. 监控气化炉破渣机上部水浴温度,若持续上涨,可判断煤质发生变化,进入激冷室的渣量增加,此时需加大渣水循环流量,控制水浴温度,缩短收渣时间。

c. 当煤灰分含量过高时,合成气中含灰量相应增大,必须维持激冷室液位、洗涤塔塔盘冲洗水液位、洗涤塔液位在指标范围内,必要时可适当提高,确保洗涤除灰效果。

d. 根据合成气中甲烷含量、水冷壁总热损、下渣口压差、下渣口热损的控制指标,缓慢进行加氧操作。气化炉运行氧量大于设计氧量时降低负荷,防止系统热负荷高,损坏水冷壁。

e. 当甲烷低于控制指标下限时,若水冷壁总热损正常,应适当进行减氧降炉温操作。当下渣口热损大于控制指标上限,水冷壁总热损正常时,缓慢进行加氧提炉温操作,对下渣口进行挂渣操作。

f. 当煤灰分含量过高时，产气量降低，后工段系统压力降低，合成气可能会出现带水量增大的工况，此时应维持洗涤塔塔盘冲洗水液位和洗涤塔液位，确保洗涤效果，若合成气带水量过大，宜适当降低负荷。

g. 同样负荷下，当煤灰分含量高，合成气流量降低（超过2%）时，适当开大黑水至中闪角阀阀位，保证气化炉激冷室实际液位不高。

② 当灰分变小时

现象：排渣量减少，捞渣机电流降低；合成气中甲烷含量降低，二氧化碳含量升高，水冷壁总热损增加。

处理措施：

a. 根据合成气中甲烷含量、水冷壁总热损、下渣口压差、下渣口热损的控制指标，缓慢进行减氧降炉温操作。

b. 根据气化炉出口合成气温度，调整炉温，防止合成气超温。

2. 气化炉全系统总压差上涨如何处置？

答：气化炉全系统总压差指从气化炉反应室到合成气洗涤塔的压力降，包含下渣口、激冷室、破泡条、一二级文丘里洗涤器、洗涤塔塔盘等部位的压力降。若系统总压差上涨，需根据下渣口压差、渣锁斗与激冷室压差、一二级文丘里洗涤器压差等综合判断阻力降变大的位置，再进行相应处置。

3. 气化炉下渣口压差上涨如何处置？

答：气化炉下渣口压差上涨，表明下渣口出现堵塞，会造成高温合成气偏流，进而冲蚀下降管，严重时导致气化炉被迫停车。下渣口堵塞，其原因是炉温低，熔融态渣流动性变差，在此堆积造成。下渣口堵塞后，首先增加氧煤比，提高炉温，增强熔融态渣流动性，同时适当提高煤粉给料罐和气化炉压差,增加次高压蒸汽流量,拉长火焰。下渣口堵塞后处置是一个缓慢的过程,切不可追求快速的效果,持续提高炉温,衍生其他异常工况。

4. 气化炉合成气洗涤系统压差上涨如何处置?

答:合成气洗涤系统堵塞的原因分为合成气带灰和合成气带渣两种。不管哪一种都可能造成气化炉系统压差上涨,最终导致无法满负荷运行。

在煤质无大幅度波动情况下,合成气带灰主要是由气化炉激冷室液位过低,合成气水浴洗涤不充分造成。未充分洗涤的合成气携带大量飞灰离开激冷室水浴,在与设备管线碰撞时,飞灰逐渐沉积结垢造成堵塞。

合成气带渣主要是由气化炉激冷室液位过高造成。因液位高,合成气离开激冷室水浴时,因未充分经破泡条破除气泡,且气液分离空间变小,所以携带大量水汽,在与设备管线碰撞时,水汽中的细渣逐渐沉积结垢造成堵塞。极限工况下,合成气携带水汽量过大,系统压差会直接上涨,在细渣沉积过程中,系统压差会再次上涨。

实际运行中,由于激冷室内气液固三相共存,工况复杂,激冷室液位往往无法被测量准确。气化炉投煤后,对激冷室液位和中闪角阀阀位进行标定,以洗涤塔为中心,通过调整中闪角阀,核算洗涤塔进水量和洗涤塔出水量的差值,此差值应在 80~100t/h(此差值包含合成气饱和蒸汽因温差产生的冷凝液,约 39t/h)。保证合成气少量带水,此时可确保激冷室内实际液位合适。

5. 下渣口热损高有哪些原因?如何处置?

答:原因:

① 气化炉炉温偏高，熔融态渣流动性好，不易挂渣。
② 煤质变化，煤灰的黏温特性增大，流动性增强，不易挂渣。
③ 下渣口捣打料脱落，渣钉烧蚀，挂渣能力差。
④ 下渣口循环水流量低，温差高，不易挂渣。
⑤ 下渣口发生泄漏。

处理方法：
① 调整气化炉炉温。
② 降低负荷，提高炉温，重新挂渣。
③ 检查水冷壁循环水泵出口手阀以及下渣口循环水上回水手阀开度，提高循环水流量。
④ 停车更换下渣口。

6. 闪蒸真空泵电流波动处理方法？

答：① 真空泵电流出现波动时，真空泵后气液分离罐液位涨满，关闭真空泵入口阀，停真空泵，开大气液分离罐至循环水罐排污阀进行排液。
② 调整各运行气化炉真空闪蒸分离罐液位，防止满液位向真空泵带液。
③ 若真空泵启动后电流仍然波动，则需开大管道分离器排污手阀排净管内积液。
④ 若为真空泵故障，倒泵进行检修。

7. 气化炉激冷室蓬渣如何处理？

答：气化炉运行时如果发现渣锁斗排渣时捞渣机电流偏低、现场确认捞渣机内渣量减少、破渣机油压长时间无波动、破渣机入口温度持续下降，收渣时渣锁斗与气化炉压差＜－200kPa，则表明气化炉激冷室发生蓬渣。发生蓬渣时可做如下处理：

① 降低气化炉负荷，减少渣量。

② 启动第二台渣循环水泵，将渣循环水量提高至 $150m^3/h$，对激冷室积渣进行拉渣处理。

③ 正反转破渣机，约 10min 换一次转向，对气化炉激冷室底部用渣锁斗充压水进行反顶疏通。

④ 收渣 10~15min 手动排渣一次，缩短排渣时间及时检查处理效果。

⑤ 加大气化炉向闪蒸系统的排水量，减少激冷室的渣量，防止向合成气系统带渣。

⑥ 如果蓬渣现象严重，导致渣水循环泵频繁触发联锁跳泵，此时应申请将渣锁斗与气化炉压差降至 -200kPa 以下并将收渣阀的联锁解除，提高渣水循环量，通过调节渣水循环泵转速来控制渣锁斗与气化炉压差不低于 -600kPa，进行拉渣。

⑦ 气化炉蓬渣处理正常后，应该继续保持渣循环大水量继续冲洗一段时间，以免再次发生蓬渣。

⑧ 当气化炉连续两次排渣，在捞渣机中均无大量渣出现，即气化炉 2h 以上未进行正常排渣时，为防止气化炉内积渣过多，损坏设备，在操作人员汇报后，应手动关停气化炉主烧嘴后进行处理，若在点火烧嘴运行的情况下，通过上述措施仍无法恢复正常时，进行组合烧嘴停车处理。

8. 激冷水泵电流波动如何处理？

答：① 汇报相关人员，解除激冷水流量相关联锁，降负荷至最低，减少气量，减少激冷水泵入口带气。

② 联系现场打开激冷水泵入口冲洗水，适当关闭激冷水泵出口手阀，减少泵吸入口压力的不足。

③ 将激冷水流量调节阀打手动，缓慢关小，降低激冷水总量，投用激冷水过滤器冲洗水，保证激冷水流量。

④ 如果是单泵波动较大，应倒泵交出清理滤网。

⑤ 如上述操作无效时，汇报车间主任，紧急停炉。

9. 煤粉仓过滤器出口氧含量检测仪报警原因是什么？如何处理？

答：原因：

① 仪表出现故障。

② 煤粉仓筒体泄漏。

③ 煤粉仓疏松气量过低导致空气反窜放空管线。

处理方法：

① 联系仪表进行检查。

② 检查煤粉仓系统，进行消漏，排除故障。

③ 检查疏松氮气管线阀门开度，保证氮气量。

10. 煤粉仓压力过高的原因是什么？如何处理？

答：原因：

① 锁斗最终泄压系统程序故障。

② 煤粉仓过滤器布袋堵塞。

③ 煤粉仓料位过高。

④ 煤粉仓疏松气流量/压力过高。

⑤ 备煤装置往煤粉仓发送压力过高。

⑥ 压力表显示故障。

处理方法：

① 检查锁斗泄压程序，避免高压气泄至煤粉仓。

② 检查煤粉仓过滤器，进行反吹清理。

③ 联系备煤装置，减小发送系统负荷，降低煤粉仓料位。

④ 检查疏松氮气阀阀位及疏松氮气压力，适当关小阀门开度。

⑤ 检查调整备煤装置往煤粉仓发送压力。

⑥ 联系仪表检维修人员检查处理压力表。

11. 煤粉仓内温度过高的原因是什么？如何处理？

答：原因：

① 备煤装置供应煤粉温度过高。

② 进煤粉仓的低压氮气温度过高。

③ 煤粉仓内煤粉着火或自燃。

④ 温度计显示故障。

处理方法：

① 联系备煤装置人员降低煤粉温度。

② 调节低压氮气加热器温度设定值，将进煤粉仓低压氮气温度调至合适范围。

③ 将煤粉仓隔离，并加大煤粉仓疏松氮气量，通过降低系统氧含量进行灭火。

④ 联系仪表检维修人员处理煤粉仓温度计。

12. 煤粉锁斗无法泄压的原因是什么？如何处理？

答：原因：

① 煤粉锁斗充压阀泄漏或故障。

② 煤粉锁斗泄压阀故障，无法打开。

③ 煤粉锁斗泄压管线堵塞。

处理方法：

① 联系仪表检维修人员处理充压阀故障。

② 联系仪表检维修人员处理泄压阀故障。

③ 联系现场人员与中控操作人员配合疏通泄压管线。
④ 中控操作人员视实际工况决定气化炉是否降负荷运行。
⑤ 将煤粉锁斗工艺交出，更换故障阀门。

13. 煤粉管线内煤粉密度低的原因是什么？如何处理？

答：原因：
① 煤粉给料罐四个锥部疏松气量过大。
② 煤粉管线调速气或煤粉角阀吹扫气流量过大。
③ 煤粉给料罐与气化炉压差过大，煤粉流速大。
④ 煤粉给料罐料位过低，供粉不足。
⑤ 煤粉角阀处卡异物，堵塞通道。
⑥ 煤粉给料罐通气锥卡异物，堵塞通道。

处理方法：
① 根据煤粉密度，调整煤粉给料罐四个锥部疏松气量。
② 检查调节煤粉管线调速气或煤粉角阀吹扫气流量。
③ 降低煤粉给料罐与气化炉压差。
④ 及时通过煤粉锁斗下料，保证煤粉给料罐料位在正常值。
⑤ 停车检查煤粉角阀，清理异物。
⑥ 停车检查煤粉给料罐通气锥，清理异物。

14. 煤粉仓疏松低压氮气流量低的原因是什么？如何处理？

答：原因：
① 总管低压氮气压力低，供应不足。
② 煤粉仓疏松气系统低压氮气管线泄漏。

③ 煤粉仓疏松气系统低压氮气手阀开度小。
④ 煤粉仓疏松气系统低压氮气管线仪表阀门或流量计故障。
⑤ 煤粉仓疏松气系统低压氮气管线限流孔板堵塞。

处理方法：
① 检查总管低压氮气供应压力及流量。
② 检查煤粉仓疏松气低压氮气管线，并进行消漏。
③ 检查煤粉仓疏松气低压氮气管线手阀开度，保证氮气量。
④ 联系仪表检维修人员处理煤粉仓疏松气低压氮气管线仪表阀门或流量计。
⑤ 检查疏通煤粉仓疏松气系统低压氮气管线限流孔板。

15. 水冷壁循环水罐压力低的原因是什么？如何处理？

答：原因：
① 水冷壁循环水罐升泄压调节阀故障。
② 水冷壁循环水罐压力控制回路设定值偏低。
③ 水冷壁循环水罐安全阀起跳，造成水冷壁冷却水罐压力迅速下降。
④ 水冷壁循环系统泄漏，水冷壁循环水罐压力降低。

处理方法：
① 检查水冷壁循环水罐压力调节阀，若存在故障应联系仪表检维修人员检修处理。
② 调整水冷壁循环水罐压力控制回路设定值。
③ 关闭水冷壁循环水罐起跳安全阀前手阀，待安全阀回座后，重新投用。
④ 排查漏点，及时消除系统外漏点，系统内漏点停车处理。

16. 低压氮气预热器出口氮气温度低的原因是什么？如何处理？

答：原因：

① 氮气预热器蒸汽凝液管线上温度控制阀故障。
② 低低压蒸汽至低压氮气预热器手阀开度小。
③ 低低压蒸汽管网压力低，蒸汽量不足。
④ 低压氮气预热器蒸汽凝液管线上疏水器不畅。

处理方法：

① 投用温度控制阀旁路，将程控阀交出检修。
② 开大低低压蒸汽管线的手阀。
③ 联系调度人员，将低低压蒸汽管网压力提高至正常。
④ 投用疏水器的旁路，将疏水器切出疏通。

17. 激冷室出口合成气温度过高的原因是什么？如何处理？

答：原因：

① 氧煤比控制过高，气化炉反应温度高。
② 激冷水流量低。
③ 激冷环堵塞，水幕分布不均，局部合成气过热。
④ 激冷室液位过低，合成气未充分经过水浴洗涤冷却。
⑤ 下降管烧损，合成气通过烧损处窜入激冷室水浴高度以上。

处理方法：

① 调节氧煤比，控制气化炉炉温。
② 提高激冷水量，强化洗涤降温效果。
③ 若激冷环堵塞严重，则停车处理。

④ 调节中闪角阀开度，控制激冷室液位在正常值。

⑤ 若下降管烧损，则停车检修。

18. 点火烧嘴中心氮气流量低的原因是什么？如何处理？

答：原因：

① 中心氮气流量计显示失真。

② 缓冲罐5与气化炉的压差低。

③ 高压氮气至点火烧嘴中心氮气管线上的手阀开度小。

④ 点火烧嘴枪头处烧损变形。

处理方法：

① 联系仪表检维修人员处理中心氮流量计。

② 提高氮气缓冲罐5的压力，保证缓冲罐5与气化炉的压差在正常范围内。

③ 现场开大中心氮气管线阀门开度，将流量调至正常。

④ 监控运行，必要时停车更换点火烧嘴。

19. 高压循环水泵不打量的原因是什么？如何处理？

答：原因：

① 增湿塔内低压循环水温度过高，高压循环水泵汽蚀不打量。

② 高压循环水泵叶轮磨损。

③ 高压循环水泵进出口管线堵塞。

④ 增湿塔液位过低。

处理方法：

① 调节中压闪蒸压力以及低压循环水流量，降低增湿塔内低压循环

水温度。

② 高压循环水泵倒泵，运行泵交出检修。

③ 停车疏通高压循环水泵进出口管线。

④ 控制增湿塔液位处于正常值。

20. 闪蒸黑水管线堵塞的原因是什么？如何处理？

答：原因：
① 开、停车时，管内壁突然受热、受压，脱落大量垢片。
② 仪表调节阀不动作，或不到位、卡住。
③ 运行期间，中闪角阀开度小，激冷室液位高，黑水管线积渣。
④ 管线内壁结垢严重。

处理方法：
① 停车后对黑水管线高压清洗。
② 联系仪表检维修人员检查处理仪表调节阀。
③ 开大中闪角阀，拉量疏通黑水管线。

21. 真空闪蒸罐液位波动的原因是什么？如何处理？

答：原因：
① 真空闪蒸罐液位计虚假指示或故障。
② 闪蒸负压波动大。
③ 真空闪蒸罐底部排放管线堵塞。
④ 进口黑水管线不畅或真空闪蒸罐角阀堵塞。
⑤ 闪蒸泵故障。

处理方法：
① 确认真空闪蒸罐液位计根部阀是否畅通，联系检维修人员检查表计。

② 调整稳定真空闪蒸罐负压。

③ 打开低压循环水手阀进行冲洗，尝试打开真空闪蒸罐腰部排放管线。

④ 通过活动真空闪蒸罐角阀，拉量疏通。

⑤ 检查闪蒸泵，若必要，启动备用泵。

22. 煤粉锁斗下料不畅的原因是什么？如何处理？

答：原因：

① 煤粉锁斗内煤粉架桥。

② 煤粉锁斗上下路升压气流量比值过大，煤粉底部疏松气量不足。

③ 煤粉锁斗下料阀故障。

④ 煤粉锁斗与煤粉给料罐的平衡管线堵塞。

处理方法：

① 反复活动煤粉锁斗的平衡阀和下料阀，通过阀门动作的振动使锁斗下料。分析煤粉的水含量，并进行调控。

② 适当调大煤粉锁斗的下路升压气，打开锁斗底部疏松气。

③ 检查锁斗下料阀动作是否正常。

④ 检查煤粉锁斗与煤粉给料罐的平衡阀动作是否正常，通过煤粉锁斗憋压来判断平衡管线是否畅通。

23. 煤粉锁斗充不上压的原因是什么？如何处理？

答：原因：

① 煤粉锁斗泄压阀或收料阀内漏或故障。

② 煤锁斗上路或下路充压阀故障。

③ 煤粉锁斗充压管线堵塞。

处理方法：

① 联系仪表检维修人员处理煤粉锁斗泄压阀或收料阀。
② 联系仪表检维修人员处理煤粉锁斗充压阀。
③ 联系人员检查疏通煤粉锁斗充压管线，尤其是管线止回阀。
④ 中控操作人员视实际工况决定气化炉是否需降负荷运行。
⑤ 若阀门故障无法在线处理，需将单个煤粉锁斗交出，更换故障阀门。

24. 烧嘴循环冷却水罐液位降低的原因是什么？如何处理？

答：原因：
① 烧嘴循环冷却水罐液位计显示有误。
② 高压锅炉给水中断，烧嘴循环冷却水罐液位低时无法补液。
③ 烧嘴循环冷却水罐补水程控阀故障，打不开。
④ 烧嘴循环水冷却器内漏，烧嘴循环水窜入循环冷却水中。
⑤ 烧嘴循环冷却水过滤器排污阀未关或内漏。
⑥ 烧嘴循环冷却水泵机封漏。
⑦ 烧嘴循环冷却水泵的排污导淋未关或内漏。
⑧ 烧嘴循环冷却水支路管线有外漏。
⑨ 点火或主烧嘴循环冷却水夹套烧损，发生内漏。

处理方法：
① 联系仪表检维修人员处理烧嘴循环冷却水罐液位计。
② 联系调度人员，及时恢复高压锅炉给水的供应，若短时间内无法处理，系统做停车处理。
③ 联系仪表检维修人员处理烧嘴循环冷却水罐补水阀，及时补水。
④ 联系统停车后，对烧嘴循环水冷却器进行查漏、消漏。
⑤ 将烧嘴循环冷却水过滤器的排污阀关闭。
⑥ 将机封泄漏的泵交出检修。
⑦ 将烧嘴循环冷却水泵的排污导淋关闭。

⑧ 排查烧嘴循环冷却水支路管线漏点并消除。
⑨ 监控运行，若漏量大，且通过补液管线主旁路均无法维持烧嘴循环冷却罐液位，则需停车更换烧嘴。

25. 增湿塔补水困难的原因是什么？如何处理？

答：原因：
① 增湿塔补液阀卡住或堵塞，流通量不足。
② 低压闪蒸冷凝器堵塞，低压循环水流通量不足。
③ 中压闪蒸压力过高。
④ 低压循环水泵2供水不足。
⑤ 洗涤塔用高压循环水量大。
⑥ 增湿塔塔盘发生液泛。
⑦ 增湿塔补液管线结垢严重。

处理方法：
① 开大增湿塔补液阀以及旁路阀，若条件允许，拆检补液阀。
② 打开低压闪蒸冷凝器旁路阀。
③ 降低中压闪蒸的压力。
④ 减小其他运行炉增湿塔补水量，启动备用低压循环水泵2，检查低压循环水泵2的运行情况。
⑤ 调整洗涤塔高压循环水用量。
⑥ 调整增湿塔塔盘液泛工况。
⑦ 停车清洗增湿塔补液管线。

26. 合成气洗涤塔塔盘压差高的原因是什么？如何处理？

答：原因：

① 塔盘压差表显示故障。
② 合成气洗涤塔塔盘堵塞。
③ 合成气洗涤塔除沫器降液管或塔盘降液管堵塞。
④ 激冷室液位高,合成气往洗涤塔带液量大。
⑤ 洗涤塔液位高。

处理方法:
① 联系检维修人员检查处理合成气洗涤塔塔盘压差表。
② 合成气洗涤塔塔盘堵塞,往变换装置大量带液时,气化炉降负荷,同时减少中塔盘冲洗水量,加大上塔盘冲洗水量;当变换装置高温凝液槽液位持续涨满且不下降时,气化炉退气停车处理。
③ 调整合成气洗涤塔塔盘冲洗水及气化炉负荷,降低塔盘压差。
④ 开大中压闪蒸器角阀,控制激冷室液位处于正常值。
⑤ 调整合成气洗涤塔各路补液量,加大开路排放流量,降低合成气洗涤塔的液位。

27. 渣锁斗充压困难的原因是什么?如何处理?

答:原因:
① 渣锁斗未充满液。
② 充压管线堵塞,止回阀故障。
③ 充压阀故障。
④ 渣锁斗和低压系统相连的阀门故障或内漏。
⑤ 渣锁斗充压管线压力低。

处理方法:
① 渣锁斗重新进行充液。
② 疏通充压管线,拆检止回阀。
③ 联系仪表检维修人员处理充压阀。
④ 排查故障或内漏阀门,并进行处理。
⑤ 排查高压循环水泵运行状态,关小洗涤塔液位计冲洗水手阀。

28. 真空闪蒸负压差的原因是什么？如何处理？

答：原因：

① 真空泵故障或做功小。

② 循环冷却水量不足或冷却器酸性气排凝管线不畅，真空闪蒸冷却器酸性气进出口温差大，真空泵负荷高。

③ 真空闪蒸冷凝液分离罐液位过高或过低，破坏负压。

④ 低压闪蒸压力高，操作真空闪蒸负荷高。

处理方法：

① 真空泵重新罐泵启动，拆检真空泵。

② 全开真空闪蒸冷却器循环水进出口手阀，高点导淋排气；疏通真空闪蒸冷却器酸性气排凝管线。

③ 调整真空闪蒸冷凝液分离罐液位。

④ 调整中压闪蒸和低压闪蒸系统的压力保持在正常运行值。

29. 合成气洗涤塔补液困难的原因是什么？如何处理？

答：原因：

① 洗涤塔液位计冲洗水堵塞或根部堵塞导致液位显示失真；液位计故障。

② 高压循环水泵打量差，供水不足。

③ 洗涤塔合成气带水严重。

④ 开路排放管线角阀卡，排量大。

⑤ 汽提凝液或高温凝液量突然减少。

⑥ 现场管线或设备有漏点。

处理方法：

① 联系检维修人员检查洗涤塔液位计，并处理。

② 根据高压循环水泵运行工况倒泵处理，同时降低负荷、降低激冷水流量、降低开路排放流量、洗涤塔加大外补水维持洗涤塔液位。

③ 根据根部洗涤塔塔盘压差调整洗涤塔合成气带水工况，可通过上塔盘加大脱盐水冲洗、降低中塔盘水量等措施缓解洗涤塔合成气带水问题。

④ 联系仪表检维修人员检查处理开路排放角阀，同时暂时关小角阀前手阀调整水系统。

⑤ 先通过高压循环水泵供水进行调整，同时补入脱盐水，收小开路排放流量，再根据实际工况确认是否需要降低激冷水流量和气化炉负荷进行调整。

⑥ 联系现场人员进行查漏，若漏点无法处理，申请停车处理。

30. 激冷水过滤器压差上涨的原因是什么？如何处理？

答：原因：

① 激冷水过滤器压差表故障。

② 激冷水泵入口滤网破损，带渣至激冷水过滤器。

③ 激冷水泵倒泵过程中，流量过大，管线积渣冲至激冷水过滤器。

④ 投用激冷水过滤器冲洗水时，冲洗水管线内积渣带至激冷水过滤器。

⑤ 激冷水管线垢片脱落。

处理方法：

① 联系仪表检维修人员检查激冷水过滤器压差表是否正常。

② 清理激冷水泵入口滤网时，对滤网进行检查，避免破损滤网回装；若运行期间入口滤网破损，应及时倒泵处理。

③ 激冷水泵倒泵过程严格控制流量波动幅度小于 $30m^3/h$。

④ 当激冷水过滤器压差涨至满量程且激冷水流量持续降低时，手动

停车处理。

31. 水冷壁总热损升高的原因是什么？如何处理？

答：原因：

① 系统负荷波动，造成四根煤粉管线煤粉流量偏差波动大，烧嘴偏烧。

② 煤质变化，未及时调整，导致过氧燃烧。

③ 水冷壁汽包安全阀起跳。

④ 水冷壁挂渣脱落。

⑤ 煤粉单元高压 CO_2 和高压 N_2 切换工况调整不及时。

处理方法：

① 稳定给料罐和气化炉压差，确保四根煤粉管线煤粉流量稳定。

② 煤质变化时，根据合成气中甲烷、二氧化碳含量以及捞渣机电流变化，及时调整氧煤比，稳定炉温。

③ 水冷壁汽包安全阀起跳后，通过并管网压力调节阀稳定汽包压力，同时检查安全阀。

④ 气化炉负荷降低至 85%，高炉温下重新进行挂渣操作。

⑤ 根据热损波动情况，及时调整氧煤比。

32. 气化炉环隙及拱顶温度突然上涨的原因是什么？如何处理？

答：原因：

① 环隙吹扫气流量过低，炉内高温合成气倒窜入环隙空间。

② 气化炉下渣口护板损坏，高温合成气倒窜。

③ 烧嘴支撑环隙岩棉及挡板脱落，高温合成气倒窜。

处理方法：

① 缓慢加大环隙吹扫气流量,稳定环隙温度。
② 气化炉降负荷处理,适当降低气化炉炉温,严重时停车处理。
③ 缓慢加大环隙吹扫气流量,若温度无下降趋势,申请停车处理。

33. 文丘里气液分离罐振动大的原因是什么?如何处理?

答:原因:
① 文丘里分液分离罐液相管线堵塞,罐内满液位。
② 气化炉激冷室往文丘里气液分离罐大量带水。
处理方法:
① 停车处理文丘里气液分离罐液相管线。
② 调整气化炉激冷室液位至正常值。

34. 点火烧嘴燃料气流量下降的原因是什么?如何处理?

答:原因:
① 阀门或流量计故障。
② 燃料气压力低。
③ 烧嘴烧损,通道变形。
④ 管线出现泄漏。
处理方法:
① 联系仪表检维修人员检查阀门及流量计。
② 联系调度人员提高燃料气压力。
③ 切换为 LPG(液化石油气),降低阻力降,提高流量。
④ 紧急切换为 LPG,隔离燃料气管线,若无法隔离,则停车处理。

35. 闪蒸泵突然不打量的原因是什么？如何处理？

答：原因：
① 真空闪蒸罐锥部堵塞，闪蒸泵入口吸入量不足。
② 闪蒸泵机械故障。
③ 闪蒸泵入口堵塞。
④ 闪蒸泵出口总管堵塞。

处理方法：
① 打开真空闪蒸罐腰部手阀，保证闪蒸泵吸入量，通过调节泵出口流量等措施处理锥部。
② 启动备用泵，将故障泵交出检修；若两台闪蒸泵同时出现故障，则减小系统进水量，紧急进行处理，超过30min未处理正常，应停车。
③ 启动备用泵，堵塞泵交出疏通入口管线；若两台闪蒸泵同时不打量，则应减少系统进水量，紧急进行处理，超过30min未处理正常，立即停车。
④ 闪蒸泵出口堵塞时，同时启动两台闪蒸泵，将闪蒸泵转速同时从50％～100％活动，提高出口总管压力，疏通管线，超过30min未处理正常，应停车。

36. 中压闪蒸罐压力持续上涨的原因是什么？如何处理？

答：原因：
① 气化炉激冷室液位计显示失真，中压闪蒸罐角阀开大，激冷室实际液位低后向中压闪蒸罐持续窜气，造成中压闪蒸罐超压。
② 中压闪蒸罐高压氮气手阀开，中压闪蒸罐持续补氮气。

③ 增湿塔液位满，发生气阻现象。
④ 中压闪蒸罐压力调节阀故障，实际开度小。

处理方法：

① 联系仪表检维修人员处理激冷室液位，同时中控岗位人员手动关小中压闪蒸罐角阀，观察中压闪蒸罐压力变化情况。
② 现场排查并关闭中压闪蒸罐高压氮气手阀。
③ 调整增湿塔液位至正常。
④ 通过中压闪蒸罐压力调节阀旁路调节压力，并联系仪表检维修人员检查并处理调节阀。

37. 增湿塔向后系统带水的原因是什么？如何处理？

答：原因：

① 气化炉激冷室液位显示偏高，中压闪蒸罐角阀持续开大，中压闪蒸罐持续向增湿塔带入大量热介质，使增湿塔内水温升高，酸性气大量携带水汽，导致增湿塔向后系统带水。
② 中压闪蒸罐满液位，往增湿塔大量带水。
③ 增湿塔发生液泛。
④ 增湿塔塔盘堵塞。

处理方法：

① 联系仪表检维修人员重新标定气化炉激冷室液位计和中压闪蒸罐液位计，中控岗位人员缓慢关小中压闪蒸罐角阀，控制中压闪蒸罐向后增湿塔带水；同时加大高压循环水泵出口流量，增加低压循环水补入量，降低增湿塔内介质的温度。
② 调整中压闪蒸罐液位至正常值。
③ 通过关闭中压闪蒸罐压力调节阀，再缓慢打开，调整液泛工况。
④ 调整增湿塔液位、低压循环水量，若未好转，应停车处理。

38. 煤粉给料罐压力大幅波动的原因是什么？如何处理？

答：原因：
① 煤粉给料罐升泄压阀或压力表故障。
② 煤粉给料罐压力调节控制回路故障。
③ 煤粉锁斗充压阀内漏过大，与煤粉给料罐连通或断开时，造成气量大幅波动。

处理方法：
① 联系仪表检维修人员检查煤粉给料罐压力表，检查升压阀和泄压阀。
② 联系仪表检维修人员重新整定控制回路 PID 参数。
③ 联系仪表检维修人员检查并处理煤粉锁斗充压阀。

39. 气化炉激冷室液位大幅波动的原因是什么？如何处理？

答：原因：
① 激冷室液位计故障失真。
② 激冷水流量波动。
③ 中压闪蒸罐角阀故障，调节不线性。
④ 气化炉负荷大幅度波动。
⑤ 激冷室液位计根部不畅。
⑥ 激冷室内部大量积渣。

处理方法：
① 联系检维修人员检查处理激冷室液位计。
② 检查激冷水泵运行情况及激冷水流量调节阀跟踪调节情况。

③ 手动控制中压闪蒸罐角阀，并联系仪表检维修人员检查并处理。

④ 排查气化炉负荷波动原因，并作出调整。

⑤ 解除激冷室液位联锁，通过冲洗水或吹扫气，疏通液位计根部管线。

⑥ 排查分析激冷室积渣原因并处理，若存在安全隐患，应停车处理。

40. 激冷水流量偏低或波动的原因是什么？如何处理？

答：原因：

① 激冷水泵入口滤网堵塞，打量差。

② 激冷水泵故障。

③ 激冷水过滤器堵塞。

④ 激冷环压差高。

⑤ 激冷水流量调节阀故障。

⑥ 激冷水泵入口窜气。

处理方法：

① 及时倒泵清理入口滤网。

② 及时倒泵，故障泵交出检修。

③ 堵塞严重时根据工况适当投用部分激冷水过滤器顶部冲洗水。

④ 降低气化炉负荷，稳定激冷水流量，必要时停炉处理。

⑤ 联系仪表检维修人员检查处理激冷水流量调节阀。

⑥ 发现激冷水流量波动时，应第一时间把气化炉负荷降到最低，提高洗涤塔液位，观察激冷水量波动情况。

41. 第一变换炉超温的原因是什么？如何处理？

答：原因：

① 合成气负荷低，接气过慢，空速低。
② 入口温度控制阀故障，入口温度过高。

处理方法：

① 提高负荷，适当提高空速；如未解决，打开高压氮气进第一变换炉入口阀，通入高压氮气提高空速。
② 开大第一变换炉中部进气阀的开度，关小第一变换炉顶部进气阀的开度，减少通过煤气-气换热器的合成气流量来降低第一变换炉入口温度。

42. 第一变换炉垮温的原因是什么？如何处理？

答：原因：

① 接气过快，空速过大；变换炉接气前未充分暖管，入口温度低。
② 下游装置突然泄压，合成气空速过大。
③ 合成气水气比过大。
④ 合成气带水，大量的水进入变换炉内。
⑤ 催化剂使用时间过长，活性衰减。

处理方法：

① 控制阀门开度，降低接气速率；提高系统压力，降低空速。
② 联系调度人员，调整下游系统压力，降低变换炉空速。
③ 降低水气比。
④ 合成气带水气化炉降低负荷运行，严重时退气；减小变换入口气量；如果变换炉床层温度不回升，变换系统退气。
⑤ 提高变换炉入口温度，尽可能将催化剂温度控制在高限，若出口 CO 含量难以控制，则停车检修更换催化剂。

43. 第二变换炉超温的原因是什么？如何处理？

答：原因：

第二变换炉入口温度高。

处理方法：

① 降低第二变换炉入口温度。

② 变换炉内通入高压氮气加大空速降温，此时要监控第一变换炉温度，防止跨温。

③ 处理无效果后，变换装置退气泄压。

44. 简述气化装置送往变换的合成气大量带水的危害及处理措施

答：气化装置送往变换装置的合成气大量带水，在煤气水分离器排液不及时后，水随合成气进入第一变换炉，造成炉内床层温度快速下降直至垮温，导致催化剂粉化，催化剂中的活性组分流失，甚至合成气中分离下来的粉尘也进入变换炉，造成上层催化剂结块，导致阻力上升，变换效率明显下降，出口 CO 含量严重超标。

处理措施：

① 当煤气水分离器液位达到高报警值时，可开大煤气水分离器液相管线阀门并观察高温冷凝液槽的压力是否正常。同时联系各气化炉洗涤塔操作人员加大高温凝液用量。

② 若液位继续上涨，则应打开煤气水分离器液相管线程控阀旁路手阀加大排放；同时汇报调度人员排查气化洗涤塔合成气带水工况，气化炉通过降低洗涤塔液位或者降低气化炉负荷控制带水情况。

③ 若煤气水分离器液位继续上涨超过 90%，且还在持续上涨时，合成气带水气化炉退气放空。

④ 若煤气水分离器出现满液超过 10min 仍未下降，变换炉床层温度开始下降，则变换系统做紧急退气停车处理。

45. 气化装置煤粉系统生产管控禁令内容是什么？

答：① 计划性检修备煤线的原煤仓严禁存煤。

② 煤粉锁斗或给料罐人孔打开后，内窥镜检查容器内部、无积粉后拆卸锥部、冲洗容器内部，连续作业，12h内完成工艺交出。减压过滤器、煤粉收集器、煤粉仓、低压煤粉仓，开底部或侧面人孔，必须用内窥镜从顶部确认积粉情况。

③ 所有煤粉系统打开作业，按中度风险管控，各级管理人员必须到场，必须确认框架消防水系统投用，铺好消防水带，水雾喷头应急备用。

④ 严禁现场排放干煤粉。

⑤ 外部积存煤粉必须立即清理，煤粉污染的保温棉必须立即拆除、更换。

⑥ 更换布袋时必须连续作业且全程佩戴长管呼吸器，严禁中途停止。

⑦ 严禁无故停运原煤仓过滤器风机。

⑧ 煤粉系统出现泄漏点严禁在线消漏。

46. 煤粉泄漏后如何处理？

答：① 人员撤离至泄漏污染区上风处，并进行隔离警戒，严格限制出入。

② 将煤粉泄漏所在厂房的门窗关闭、排气扇关闭，切断火源、临时电源，停止周围一切作业。

③ 如泄漏区有动设备，停运动设备，通知电气人员切断电源，包括电伴热装置。

④ 尽快对泄漏设备进行泄压，切断泄漏源。

⑤ 迅速打开消防水向煤粉泄漏粉尘区域喷雾状水，或直接喷蒸汽，用雾状水或者蒸汽稀释空气中粉尘。

⑥ 要求应急处理人员戴自给正压式呼吸器，穿防静电工作服，严禁接打手机电话、拍照，不要直接接触泄漏物。

⑦ 漏粉的容器、管道、阀门要妥善处理，经修复、检验合格后再投用。

47. 应急工作的原则是什么？

答：① 坚持以人为本的原则。在救援过程中，必须以保障遇险人员的生命安全为基本原则，同时确保救援人员的安全，严防在救援过程中发生次生事故。

② 坚持统一指挥的原则。应急救援工作必须在厂应急救援指挥部的具体领导指挥下进行。

③ 坚持自救互救的原则。险情发生车间应在事发初期，按照本车间现场处置方案积极组织抢救，并迅速组织遇险人员沿正确路径快速撤离，防止事故蔓延扩大。

④ 坚持通信畅通的原则。确保事故救援各方密切联系、信息畅通。

⑤ 坚持资源整合的原则。按照整合资源、降低成本、提高效率的要求，实现人力、物资、设备、技术和信息的合理配置，形成全方位的协调联动机制，做到统一调度和资源共享。

⑥ 坚持科学应对的原则。采用先进的预测、预警、预防和应急处置技术，充分发挥专家队伍和专业人员的作用，提高应对突发灾难的科技水平和指挥应对能力，避免发生次生、衍生事故。

⑦ 坚持预防为主的原则。高度重视安全预控工作，常抓不懈。对各类隐患认真排查、评估、治理，坚持预防与应急相结合。

48. 中毒伤害的抢救原则是什么？

答：① 最先发现险情者，要立即逐级报告，简要说明中毒或伤害地点、伤情和有关人数。

② 当人员受到伤害时，所在单位应严密组织，积极抢救。

③ 尽快将患者救离中毒（伤害）现场，并迅速控制，防止事故扩大蔓延。

④ 抢救者必须做好个体防护后才能施救，防止次生事故发生。

49. 发生火灾时如何报警？

答：发生火灾后，及时、准确地报告火警，对于减少火灾危害有非常重要的作用。化工园区火警电话应保证畅通。报告火警是为了使消防队能够迅速到达火场，应讲清起火单位的名称、地址、燃烧物性质、有无被困人员、有无爆炸和毒气泄漏、火势情况、报警人的姓名与电话号码等，并说出起火部位及附近有无明显标志，然后派人到路口迎候消防车。

50. 工业中防止煤自燃的方法有哪些？

答：① 控制煤仓温度低于60℃。
② 缩短煤在煤仓中的贮存时间。
③ 向煤内喷洒水，将煤堆压紧、压实。
④ 向煤仓内通氮气或二氧化碳维持惰性环境。

51. 长管呼吸器使用注意事项有哪些?

答：① 使用长管面具必须有专人监护。
② 入气口应放在新鲜空气处的上风口，并注意有无其他毒气来源，时刻注意风向。
③ 使用前要进行气密性检查，尤其是要确认呼吸活门是否好用。
④ 监护人员应坚守岗位，定时与作业人员联系，并随时做好抢救准备。
⑤ 作业人员应先戴上面罩再进入毒区，出毒区才能取下面罩。

52. 粉尘发生爆炸应具备的条件有哪些?

答：① 粉尘本身必须是可燃性的。
② 粉尘必须具有相当大的相对表面积。
③ 粉尘必须悬浮在空气中与空气形成爆炸极限范围以内的混合物。
④ 有足够的点火能量。

53. 仪表空气中断后气化装置如何处理?

答：① 断仪表风后，气化炉组合烧嘴跳车，去变换装置的阀门自动关闭，去火炬的常规调节阀也关闭。只有紧急泄压阀打开，通过带有限流孔板的事故线放空至火炬。
② 气化炉停车联系现场人员确认氧气管线及煤粉管线进烧嘴切断阀处于关闭状态。
③ 中断仪表空气后烧嘴冷却水补水阀、水冷壁汽包补水阀、激冷水泵出口流量调节阀、冷凝液闪蒸罐 1 液位调节阀事故打开，及时通过手阀

调节液位，防止空罐或满罐发生事故。

④ 水冷壁罐补压阀处于事故开状态，及时关闭其前后手阀防止水冷壁罐超压。

⑤ 中断仪表空气后合成气洗涤塔、增湿塔、循环水罐、脱盐水缓冲罐补水阀处于事故关闭状态，根据各罐的液位，适时联系现场人员停运激冷水泵、低压循环水泵 1/2、高压循环水泵、脱盐水泵，防止泵空转。

⑥ 因冷凝液闪蒸罐 2 液位调节阀处于关闭状态，中控人员及时联系现场人员利用其旁路阀进行液位调节，防止现场放空口喷水。

⑦ 闪蒸真空泵入口阀关闭，及时联系现场人员停用真空泵，防止真空泵损坏。

⑧ 破渣机密封水调节阀处于事故保位状态，中控人员根据气化炉压力及时调节密封水量，防止密封罐空罐。

⑨ 过滤机滤液泵出口阀关闭，联系现场人员开旁路阀调节液位。

⑩ 絮凝剂制备站补水阀处于关闭状态，中控人员联系现场人员通过旁路阀控制补液。

⑪ 煤粉单元煤粉仓底部流化气切断阀事故开，注意通过手阀控制流化气量，防止煤仓压力过高造成防爆板破裂。

⑫ 低压氮气加热器、二氧化碳加热器、高压氮气加热器、脱盐水加热器温度调节阀关闭，冬季注意开旁路阀进行防冻。

⑬ 仪表风事故停车后尽量减少气化炉的进氮气量，系统缓慢置换。

⑭ 待系统仪表空气恢复正常后，及时对系统进行升压冲洗，防止管道堵塞。

54. DCS 通信故障（含黑屏）如何处理？

答：（1）单台操作站主机故障或显示器故障应急措施

① 中控内操人员立即到值长站对装置进行监盘。

② 中控内操人员汇报中控组长，同时岗位人员联系仪表工程师站释放值长站对故障操作站所对应装置的操作权限。组长逐级汇报。

③ 如有紧急调整可由车间技术员与仪表中心技术员沟通，安排操作人员到工程师站操作。

（2）DCS通信故障应急措施

① 使用通信线路连接的系统有火炬、可燃气报警仪、有毒气体报警仪，若发生通信故障，则DCS操作界面无数据显示，但是不会造成电脑黑屏。

② 若火炬DCS通信故障，中控内操暂时到值长站监盘，同时联系仪表人员检查通信线路，排除故障，并且联系现场人员对火炬加强巡检，发现火炬熄灭及时点火确保火炬不会熄灭。

③ 若可燃气、有毒气体报警仪通信线路故障，则联系仪表人员进行处理，现场加强巡检，防止现场漏点扩大。

（3）DCS掉电应急措施

① 中控服务器掉电。此处掉电会导致历史趋势等在失电前的记录丢失，但不影响DCS正常运行、操作，因此只需联系仪表人员及时将中控服务器电恢复即可。

② 现场机柜间掉电。现场机柜间因包含所有控制器，UPS［对DCS和SIS系统供电（两路冗余供电）］只能正常供应0.5h，0.5h后整个DCS将无法正常工作而电气无法确认恢复时间，这是最危险的情况，应在0.5h内根据具体情况进行处置。

若气化炉DCS的UPS失电（UPS为DCS供电是冗余供电，共两条供电线路，若其中一条故障，则自动切换至另一条线路，除非在切换过程中出现两条线同时故障才会导致DCS失电），则应在第一时间通过ESD紧急停车按钮对气化炉进行停车。出现这种情况，处理措施如下：

a. 出现DCS黑屏后要第一时间汇报公司调度人员，中控组长汇报车间技术员、车间主任，厂调度人员汇报生产科科长、厂值班领导，并告知是单操作站的 DCS 黑屏还是所有操作站的 DCS 黑屏。

b. 立即通知现场人员确认氧气切断阀、煤粉切断阀关闭，氮气吹扫阀门打开，确认火炬阀门打开，若未开通过紧急泄压旁路双道手阀对气化炉进行泄压。通知现场关闭缓冲罐 2 出口手阀，防止煤粉单元超压，待事故处理正常后恢复。

c. 对装置运行的设备进行排查，对需要停运的设备进行停运。

d. 对变换的汽包现场液位计进行监控，通过现场液位计调整汽包液位，避免因液位太高窜入蒸汽管网。

e. 现场专人监护分离罐液位，特别是煤气水分离器、未变换气第一分离器液位，避免因这两个分离罐液位过高造成变换炉进水，视情况通过液位控制阀旁路控制分离器液位。

f. 现场人员对装置全面排查，发现隐患及时处理并汇报。

若备煤系统的 UPS 失电，则应第一时间通过 ESD 紧急停车按钮对备煤进行停车。并立即通知现场人员通过现场仪表观察备煤系统压力和温度，并及时控制系统进氮量，防止系统超压造成防爆板破裂。气化炉可根据备煤处理情况选择降负荷运行或停车处理。

（4）24V DC 电源单元故障

24V 电源（通过 UPS 转换而来）单元主要为各机柜内安全栅底板、卡件底板、现场仪表等供电。24V 电源单元均采用双重化电源为各机柜供电，一般不会出现断电情况。此处电源掉电，不会造成黑屏，但是中控无法对阀门进行操作，且对仪表无法进行读数，若故障处理方法如下：

① 中控组长第一时间通知车间技术员、主任，厂调度人员向生产科科长、厂值班领导、公司调度人员、仪表中心汇报，并告知是 DCS 操作站无法对阀门进行操作和对仪表进行读数。

② 通过 ESD 紧急停车按钮对气化炉进行停车，处理方法同 UPS 断电。

(5)卡件故障

卡件故障只会影响部分仪表或阀门显示及操作,不会对整个系统造成影响,因此当出现卡件故障时,只需针对故障阀门进行处理即可,并联系仪表检维修人员对卡件及时进行更换。

55. 装置晃电或停电如何处理?

答:调度人员立即启动厂级应急预案,通知各车间做好应急处置,车间安排管理人员到中控室做好应急指挥,由厂领导且任总指挥。

(1)备煤装置

① 中控人员立即通知班长和调度人员,并逐级向上级领导汇报,及时联系调度人员,将装置目前状态向调度人员汇报,现场启动应急预案。

② 班长迅速组织中控及现场人员对运行生产线进行紧急停车处理。

③ 现场及时对循环气放空阀进行确认,如中控 DCS 失控,现场需根据消防氮气和氧含量调节氮气的补氮量,对磨辊密封气压力调节阀的开度进行手动控制,以防止系统超压,造成防爆板爆破。

④ 现场人员及时对各氮气调节阀进行确认,对于程控阀失控的及时切换旁路进行调节,在保证系统氧含量不超过 8% 的情况下,尽量关小补氮阀旁路,同时调节磨辊密封气压力调节阀,将其开度逐渐减小至 0% 开度,尽量控制系统处于微正压状态,避免循环风机放空管线对煤粉制备系统抽负压,进而引起系统氧含量快速上升。

⑤ 对于循环风机、磨煤机等大型设备,因断电导致润滑油泵停,应在短时间内对磨机和循环风机主轴的磨损进行检查。

（2）气化装置

① 气化炉组合烧嘴联锁跳车，对气化炉泄压。

② 中控人员关闭次高压蒸汽调节阀、切断阀，联系现场操作人员关闭前后手阀，以防止工艺气与次高压蒸汽互窜。

③ 当气化炉压力降至 0.5MPa 后，联系仪表人员依次强制关闭：主氧切断阀、点火氧切断阀、煤粉切断阀、LPG/FG 切断阀，并确保主氧管线、点火氧管线、煤粉管线、LPG 管线有氮气进入气化炉内，防止煤灰反窜至上述管线内。

④ 将火炬管线调节阀打手动控制，气化炉压力稳定在 0.05～0.2MPa（G），在此压力下对气化炉进行氮气置换。

⑤ 维持缓冲罐 5 与气化炉压差在 0.3～0.5MPa，确保有氮气进入气化炉，同时延缓高压氮气缓冲罐降压速率。

⑥ 中控人员联系仪表人员，强制打开氧气放空阀，对氧气管线进行泄压。以防止高压氮气压力低于氧气压力造成氧气窜进高压氮气管线。

⑦ 停车过程中严格按照《气化炉停车操作卡》进行操作。

⑧ 因氮气量紧张，可不对煤粉管线进行吹扫处理。

⑨ 中控人员联系现场人员关闭各机泵出口阀，防止泵出口介质反窜导致泵倒转而损坏泵。

（3）变换装置

① 变换装置紧急停车，如果前系统能够短时间恢复，则对变换系统实行保温保压。

② 将各汽包所产生的蒸汽放空，并对汽包及时进行补液，保证汽包液位正常，防止干锅现象的发生。

③ 冬季系统短期停车，变换系统实行保温保压，需对整个变换系统进行防冻处理。

④ 如果前系统长时间无法恢复，变换系统严格执行《变换停车操作卡》自然降温，微正压保护。

⑤ 冬季系统长期停车时，当锅炉、空分装置恢复正常，可提供各个等级的蒸汽和氮气时（在无蒸汽、氮气前，系统实行保温保压状态，尽可能地避免整个系统的热损失），投运开工加热器，将低压氮气加热后送入变换系统，既可以维护系统的温度以防冻，同时还可以通过高压火炬放空阀的调节，保证系统处于微正压状态。

（4）黑水过滤装置

① 黑水系统保压，监控好各闪蒸罐液位。
② 沉降槽底部排污阀打开长排，直到电力恢复正常，立即确认启动泥浆泵和过滤机。

56. 装置循环冷却水中断如何处理？

答：调度人员立即启动厂级应急预案，通知各车间做好应急处置，车间安排管理人员到中控室做好应急指挥，由厂领导担任总指挥。

（1）备煤装置

① 一旦循环冷却水停水，中控人员应立即将运行生产线的磨煤机、循环风机做停车处理，同时停止一切运行的磨煤机、循环风机油站。
② 立即组织现场人员将循环冷却水进出口界区总阀关闭，与循环冷却水管网进行隔离。
③ 若事故发生在冬季，现场人员需立即将循环冷却水各用户的低点导淋打开进行排水，防止管线冻坏。
④ 班长组织现场人员对停车生产线做后续处理，并将磨辊密封氮气适当开大，向系统补充低压冷氮，对系统进行降温处理，同时适当开大循环风机出口放空阀，以加快系统热量的散发。
⑤ 中控人员严密监控系统温度及压力，防止系统超温、超压，确保系统平稳降温。

（2）气化装置

① 停气化炉组合烧嘴，对气化炉泄压。

② 如气化炉组合烧嘴仍在运行，打开画面点击"STOP"按钮停组合烧嘴，对气化炉进行泄压。

③ 中控人员关闭次高压蒸汽调节阀、切断阀，联系现场操作人员关闭前后手阀，以防止工艺气与次高压蒸汽互窜。

④ 当气化炉压力降至 0.5MPa 后，联系仪表人员依次强制关闭主氧切断阀、点火氧切断阀、煤粉切断阀、LPG/FG 切断阀，确保主氧管线、点火氧管线、煤粉管线、LPG 管线有氮气进入气化炉内，防止煤灰反窜至上述管线内。

⑤ 将火炬管线放空调节阀打手动控制，气化炉压力稳定在 0.05～0.2MPa，在此压力下对气化炉进行氮气置换。

⑥ 将缓冲罐 5 入口压力调节阀打手动调至 25％～30％开度，确保有氮气进入气化炉，同时延缓高压氮气缓冲罐降压速率。

⑦ 中控人员联系仪表人员，打开氧气放空阀，对氧气管线进行泄压，以防止高压氮气压力低于氧气压力造成氧气窜进高压氮气管线。

⑧ 停车过程中严格填写《气化炉停车操作卡》并执行。

（3）变换装置

① 如果前系统能够短时间恢复，则对变换系统实行保温保压。

② 将各汽包所产生的蒸汽放空，并对汽包及时进行补液，保证汽包液位正常，防止干锅现象的发生。

③ 冬季系统短期停车，变换系统实行保温保压，需对整个变换系统进行防冻处理。

④ 如果前系统长时间无法恢复，变换系统严格执行《变换停车操作卡》自然降温，微正压保护。

⑤ 冬季系统长期停车时，当锅炉、空分装置恢复正常，可提供各个等级的蒸汽和氮气时（在无蒸汽、氮气前，系统实行保温保压状态，尽可

能地避免整个系统的热损失），投运开工加热器，将低压氮气加热后送入变换系统，既可以维护系统的温度防冻，同时还可以通过高压火炬放空阀的调节，保证系统处于微正压状态。

57. 气化炉水冷壁泄漏的原因是什么？如何处置？

答：原因：

① 煤质发生变化，煤的灰熔点低、黏度低，可能会造成水冷壁挂渣不好，导致水冷壁烧损、泄漏。

② 水冷壁盘管焊接强度不足，焊接质量差导致水冷壁盘管泄漏。

③ 水冷壁捣打料不能满足实际要求，造成水冷壁烧损、泄漏。

④ 煤粉系统波动大，λ_{MB} 波动大，过氧燃烧等可能会造成水冷壁烧损、泄漏。

⑤ 烧嘴氧气分布器安装不对中，氧气分布不均造成偏烧导致水冷壁烧损、泄漏。

⑥ 水冷壁预热升温速率过快，造成捣打料变形脱落烧损水冷壁，导致泄漏。

⑦ 主烧嘴端部煤粉通道间隙不一致，点火烧嘴与主烧嘴间端尺寸不匹配，造成偏流或局部过热导致水冷壁烧损、泄漏。

⑧ 蒸汽切断阀故障或流量显示失真，导致烧嘴头部火焰集中，粗短火焰烧损水冷壁，导致泄漏。

⑨ 系统长时间低负荷运行或频繁开停车，水冷壁热应力变化大，导致水冷壁焊缝集中处出现烧损或泄漏。

应急处置：

① 气化炉正常运行期间不得随意解除水冷壁进出口流量差联锁、进出口温差联锁和热损联锁。

② 水冷壁循环水罐补液管线手阀关至有介质通过，缓慢补液，防止补液过快造成压力波动。

③ 降低水冷壁循环水罐压力，确保其高于气化炉压力 0.3MPa，减少

泄漏量。

④ 水冷壁泄漏期间有可能导致下渣口堵塞,需密切关注下渣口压差,出现异常及时处置。

58. 高压循环水泵故障如何处置?

答:① 高压循环水泵单泵运行,运行泵故障时,备泵未自启。

a. 立即确认启动备用高压循环水泵,并联系设备技术员、车间主任、仪表以及电气人员排查两台高压循环水泵故障原因。

b. 汇报工艺技术员,同时气化炉负荷立即降至60t/h。

c. 调整增湿塔补水阀,将增湿塔液位控制在50%~80%。

d. 将洗涤塔开路排放流量调节阀关小至30%。

e. 若洗涤塔液位持续下降,中控人员将激冷水流量降低至500m³/h、中压闪蒸罐角阀阀位关小1%~5%,确保激冷室液位大于20%。

f. 若洗涤塔液位持续下降至40%,通知公用工段和其他气化炉操作人员,并汇报调度人员,洗涤塔加大高温凝液、汽提凝液、脱盐水用量。

② 高压循环水泵一台检修,运行泵故障。

a. 立即联系班组长、设备技术员、车间主任、仪表以及电气人员,排查高压循环水泵故障原因,尽快恢复启动。

b. 汇报工艺技术员,同时气化炉负荷立即降至60t/h。

c. 调整增湿塔补水阀,将增湿塔液位控制在50%~80%。

d. 将洗涤塔开路排放流量调节阀关小至30%。

e. 若洗涤塔液位持续下降,中控将激冷水流量降低至500m³/h、中压闪蒸罐角阀阀位关小1%~5%,确保激冷室液位大于20%。

f. 若洗涤塔液位持续下降至40%,通知公用工段和其他气化炉操作人员,并汇报调度人员,洗涤塔加大高温凝液、汽提凝液、脱盐水用量。短时间维持洗涤塔液位在30%以上,直至高压循环水泵启动且高压循环水系统恢复正常。

g. 若高压循环水泵 20min 内无法及时恢复启动，手动拍停组合烧嘴，停水循环。

③ 高压循环水泵双泵运行，单泵跳泵。

a. 立即联系班组长、设备技术员、车间主任、仪表以及电气人员，排查高压循环水泵故障原因，尽快恢复启动。

b. 汇报工艺技术员，通知公用工段和其他气化炉操作人员，并汇报调度人员，气化炉洗涤塔加大高温凝液、汽提凝液、脱盐水用量，短时间维持洗涤塔液位在 50% 左右。

c. 调整增湿塔补水阀，调整增湿塔液位控制在 50%～80%。

d. 若洗涤塔液位持续下降，将洗涤塔开路排放流量调节阀关小至 30%。

e. 若洗涤塔液位持续下降至 40%，中控人员将气化炉负荷立即降至 60t/h，激冷水流量降低至 500m³/h、中压闪蒸罐角阀阀位关小 1%～5%，确保激冷室液位大于 20%。

f. 若高压循环水泵无法及时恢复启动，洗涤塔补水困难，液位持续下降至 30%，手动拍停主烧嘴，维持点火烧嘴运行。

g. 主烧嘴停车后，现场立即停用一台激冷水泵，中控人员将各参数调整正常，防止开路排放管线堵塞。

④ 高压循环水泵双泵运行，双泵跳泵。

a. 中控人员立即联系班组长、设备技术员、车间主任、仪表以及电气人员，排查高压循环水泵故障原因，尽快恢复启动。

b. 汇报工艺技术员，同时气化炉负荷立即降至 60t/h。

c. 调整增湿塔补水阀，将增湿塔液位控制在 50%～80%。

d. 将洗涤塔开路排放流量调节阀关小至 30%。

e. 若洗涤塔液位持续下降，中控人员将激冷水流量降低至 500m³/h、中压闪蒸罐角阀阀位关小 1%～5%，确保激冷室液位高于 20%。

f. 若洗涤塔液位持续下降至 40%，通知公用工段和其他气化炉操作人员，并汇报调度人员，洗涤塔加大高温凝液、汽提凝液、脱盐水用量。短时间维持洗涤塔液位在 30% 以上，直至高压循环水泵启动且高压循环水系统恢复正常。

g. 若两台高压循环水泵 20min 内无法及时恢复启动，则手动拍停组合烧嘴，停水循环。

h. 若一台高压循环水泵恢复启动，洗涤塔仍补水困难，液位持续下降至 30%，则应手动拍停主烧嘴，维持点火烧嘴运行。

⑤ 增湿塔液位低，高压循环水泵联锁跳泵。

a. 中控人员立即汇报班组长、工艺和设备技术员、车间主任，现场确认增湿塔补液管线和阀门，并准备重新启泵。

b. 中控人员立即加大增湿塔补水量，减少单区其他气化炉增湿塔补水量，必要时启动备用低压循环水泵。

c. 气化炉负荷立即降至 60t/h。

d. 将洗涤塔开路排放流量调节阀关小至 30%。

e. 若洗涤塔液位持续下降，中控人员将激冷水流量降低至 500m³/h、中压闪蒸罐角阀阀位关小 1%～5%，确保激冷室液位高于 20%。

f. 若洗涤塔液位持续下降至 40%，通知公用工段和其他气化炉操作人员，并汇报调度人员，洗涤塔加大高温凝液、汽提凝液、脱盐水用量。短时间维持洗涤塔液位在 30% 以上，直至高压循环水泵启动且高压循环水系统恢复正常。

g. 待增湿塔液位高于 10% 时，启动高压循环水泵，在确保增湿塔液位正常的情况下，缓慢加大洗涤塔各路冲洗水至正常值。

59. 黑水公用低压循环水泵 2 故障如何处置？

答：① 低压循环水泵 2 单台或多台泵汽蚀，出口压力低。

a. 中控人员立即汇报班组长、技术员、主任，中控人员通过降低废水外排、减少低压循环水泵 1 出口用水量、补入脱盐水量等措施提高循环水罐液位。

b. 班组长在最短时间内组织班组员工到达黑水泵房，若有备用泵，优先启动备用泵，再次对汽蚀的低压循环水泵 2 依次停车并盘车排气重新启动。

c. 中控人员将各运行炉负荷降至 60t/h,同时统一协调单区各运行炉增湿塔补液阀开度,对液位低的增湿塔优先补液。若增湿塔液位下降过快,应减少洗涤塔高压循环水用量(调整顺序为洗涤塔塔釜补液、二级文丘里洗涤水、一级文丘里冲洗水、中塔盘冲洗水),增加脱盐水、高温凝液等补水。

d. 中控人员监控中压闪蒸系统压力,若因增湿塔补液减少造成中压闪蒸压力快速上涨,及时联系现场人员打开中压闪蒸系统和低压闪蒸系统压力调节阀进行现场排放导淋,控制中压闪蒸系统压力,防止中压闪蒸系统角阀因压力高造成联锁关闭。

e. 若增湿塔液位低导致高压循环水泵跳泵,则应执行高压循环水泵故障应急处置措施,同时立即联系现场人员,待增湿塔液位高于10%时,重新启动高压循环水泵。

f. 若低压循环水泵 2 汽蚀短时间无法处理正常,且增湿塔持续补液困难,则应立即通知公用工段和其他气化炉操作人员,并汇报调度人员,立即按紧急停车顺序,停一台气化炉(原则上以满足增湿塔补液为准)。

② 低压循环水泵 2 单台或多台泵故障,运行台数少。

a. 中控人员立即联系班组长、工艺和设备技术员、车间主任、仪表以及电气人员,排查低压循环水泵故障原因,尽快恢复启动。

b. 班组长在最短时间内组织班组员工到达黑水泵房,若有备用泵,优先启动备用泵。无备用泵时,重新盘车后启动故障泵,若无法启动,立即告知中控人员。

c. 中控人员统一协调单区各运行炉增湿塔补液阀开度,对液位低的增湿塔优先补液。若增湿塔液位下降过快,则应减少洗涤塔高压循环水用量(调整顺序为洗涤塔塔釜补液、二级文丘里洗涤水、一级文丘里冲洗水、中塔盘冲洗水),增加脱盐水、高温凝液等补水。

d. 若无备用泵,且故障泵无法启动,中控人员应立即将各运行炉负荷降至 60t/h。

e. 中控监控中压闪蒸系统压力,若因增湿塔补液减少造成中闪压力快速上涨,应及时联系现场人员打开中压闪蒸系统和低压闪蒸系统压力调节阀进行现场排放导淋，控制中压闪蒸系统压力，防止中压闪蒸系统角阀因压力高导致联锁关闭。

f. 若增湿塔液位低导致高压循环水泵跳泵，应启动高压循环水泵故障应急处置，同时立即联系现场人员，待增湿塔液位高于10%时，重新启动高压循环水泵。

g. 若低压循环水泵2故障短时间内无法处理正常，且增湿塔持续补液困难时，通知公用工段和其他气化炉操作人员，并汇报调度人员，立即按紧急停车顺序，根据低压循环水泵2故障台数关停相应气化炉台数（原则上一台低压循环水泵2对应一台气化炉，具体以满足增湿塔补液为准）。

60. LPG供应故障如何处置？

答：① 当LPG管网压力下降，及时联系调度人员跟踪备用LPG情况，监控LPG管网压力，并通知岗位做好燃料气管网监控。

② 当LPG压力<5.4MPa时，联系LPG制备装置，提高管网压力，监控火检强度有无变化及火检视频是否正常。

③ LPG输送管线泄漏时，应做以下处理：

a. 车间应立即组织人员进行隔离，并立即汇报调度人员，启动厂级应急预案，并对泄漏处进行警戒维护，防止无关人员进入泄漏区域。

b. 停止周围所有作业，并对周围设备进行断电。

c. 对泄漏管线进行安全泄压，并使用氮气进行置换。

d. 当泄漏点泄压并置换合格后对泄漏点进行消漏，消漏后重新投用。

④ 若LPG压力短时间内无法恢复，LPG制备装置无法满足目前运行炉要求时，应及时汇报厂领导、调度人员，按紧急停炉顺序进行停炉，车间安排管理人员到中控室做好应急指挥。

⑤ 在液体LPG供应中断时，确认LPG制备装置是否用高压氮气稳定LPG管网压力，若是，则要求岗位人员监控使用LPG的气化炉的火检是否稳定，发现异常时应立即申请停车处置。

⑥ 在 LPG 故障期间，申请点火烧嘴使用 LPG 的气化炉将 LPG 切为 FG（燃料气）。

61. 原煤中断如何处置？

答：① 若备煤装置运行生产线中任何一条线原煤仓称重＜60t，经与煤储运方面人员沟通后确认原煤输送皮带故障短时间内无法恢复原煤供应时，中控岗位人员第一时间汇报调度人员、车间主管/值班技术员及主任，并将对应备煤线负荷降至 65t/h，待原煤供应正常后缓慢恢复负荷。

② 若因为原煤供应中断，运行线原煤仓称重＜20t 且原煤供应还未恢复正常时，应将对应备煤线手动停车降温处理并及时投用备用生产线维持气化炉煤粉供应，对应气化炉降至最低负荷运行；若短时间内无法恢复原煤和煤粉供应，备煤线和对应气化炉根据料位情况停车处理，若原煤、煤粉供应恢复正常后应及时恢复生产。

62. 低压燃料气中断如何处置？

答：① 当岗位人员发现单区所有运行备煤线热风炉低压燃料气控制回路流量持续降低，将调节阀持续开大，且流量没有明显上涨时，应立即将生产线负荷降至最低 60t/h 运行，并告知中控组长，联系调度人员协调低压燃料气供应装置提高压力。

② 若低压燃料气供应装置无法提高压力，应立即联系调度人员申请使用天然气，维持备煤线低负荷运行，以保证气化装置低负荷运行时的煤粉供应。

③ 若因为低压燃料气管网带液严重，导致低压燃料气缓冲罐突然满液位，单区低压燃料气中断导致单区所有运行生产线跳车，应立即告知调度人员，同时联系现场人员对低压燃料气缓冲罐进行排液操作，将低压燃

料气缓冲罐液位排至 10% 以下后,根据煤粉仓料位情况及时恢复备煤线运行。

④ 若因低压燃料气非带液突然中断,且有生产线跳车后,应立即联系调度人员协调解决低压燃料气管网故障问题,并申请使用天然气将生产线恢复至低负荷运行,待低压燃料气管网恢复正常后并入低压燃料气退出天然气。

参考文献

[1] 唐宏青.现代煤化工新技术[M].2版.北京:化学工业出版社,2016.

[2] 许祥静,张克峰.煤气化生产技术[M].3版.北京:化学工业出版社,2015.

[3] 王欢,范飞,李鹏飞,等.现代煤气化技术进展及产业现状分析[J].煤化工,2021,49(04):52-56.

[4] 王利峰.我国煤气化技术发展与展望[J].洁净煤技术,2022,28(02):115-121.

[5] 刘琰.国内主要固定床煤气化技术简介[J].广州化工,2020,48(21):133-135.

[6] 褚晓亮,苗阳,付玉玲,等.流化床气化技术在我国的应用现状及发展前景[J].化学工程师,2014,28(01):50-52.

[7] 赵鹏飞,赵代胜.气流床加压煤气化技术研究进展[J].神华科技,2016,14(01):74-77,81.

[8] 许思浩.K-T炉粉煤气化技术的考察报告[J].煤化工,1987(02):64-69.

[9] 汪家铭.壳牌煤气化技术在我国的应用[J].化肥设计,2007(04):19-22.

[10] 郑振安.Shell煤气化技术(SCGP)的特点[J].煤化工,2003(02):7-11.

[11] 王国梁.神宁炉和GSP煤气化技术对比[J].现代化工,2017,37(11):154-157.

[12] 蒋立翔.GSP气化技术工业应用分析[J].煤炭工程,2016,48(01):88-91.

[13] 王国梁,黄斌,赵元琪,等.神宁炉干煤粉气化技术与工业应用[J].煤化工,2019,47(04):12-15.

[14] 郭庆华,于广锁,王辅臣,等.水煤浆气化技术的自主创新与应用[J].高科技与产业化,2014(11):86-91.

[15] 潘远卓.水煤浆气化技术在中国的应用分析[J].化学工程与装备,2013(10):137,57.

[16] 王国梁,曹文龙.煤灰分对气化装置的影响及处置[J].氮肥与合成气,2023,51(11):1-3,13.

[17] 李俊挺,蒙勇宏,王国梁.煤气化装置灰水系统水质浅析[J].氮肥与合成气,2023,51(08):37-39,41.

[18] 黄日新.工业专用阀门精品手册[M].北京:机械工业出版社,1997.

[19] 姬忠礼,邓志安,赵会军.泵和压缩机[M].2版.北京:石油工业出版社,2015.